普通高等教育电气工程与自动化类系列教材

交流伺服控制系统

任志斌　林元璋　钟灼仔　编著

U0379515

机 械 工 业 出 版 社

本书首先介绍了交流伺服控制系统及编程的基础知识，然后以实现无刷直流电动机控制、永磁同步电动机控制及异步电动机控制技术为重点，介绍 STM32 芯片在交流伺服控制的应用。全书共七章，第 1 章概要介绍了伺服控制系统；第 2 章介绍了交流伺服控制系统基础知识，包括 STM32 的结构及性能、存储空间及时钟、中断系统、定时器及 A-D 转换器；第 3 章围绕电动机的控制技术方面编程需要，重点介绍了数据 Q 格式、电动机驱动的 PWM 信号、数字 PI 调节器、数字测速的编程实现方法；第 4 章针对控制系统的实现，介绍了电压空间矢量 PWM（SVPWM）和旋转变换控制技术；第 5~7 章以 STM32 的控制在实际中的应用，分别对无刷直流电动机控制、永磁同步电动机控制技术及异步电动机矢量控制技术做了详细介绍。

　　本书以 STM32 的交流电动机控制实现为重点，原理分析通俗易懂，各个环节都有编者在实战中的实例，通过实例加深理解内容。本书适合作为电气工程及其自动化、自动化、电机与电器、电力电子与电力传动专业及其他相关专业的高年级高职高专、本科和研究生教材，也可作为工程技术人员研究、开发电气控制系统的参考书。

　　（编辑邮箱：jinacmp@163.com）

图书在版编目（CIP）数据

交流伺服控制系统/任志斌，林元璋，钟灼仔编著. —北京：机械工业出版社，2018.5（2024.6 重印）

普通高等教育电气工程与自动化类系列教材

ISBN 978-7-111-59202-0

Ⅰ.①交… Ⅱ.①任… ②林… ③钟… Ⅲ.①交流伺服系统-高等学校-教材 Ⅳ.①TM921.54

中国版本图书馆 CIP 数据核字（2018）第 033411 号

机械工业出版社（北京市百万庄大街 22 号　邮政编码 100037）
策划编辑：吉　玲　责任编辑：吉　玲　刘丽敏
责任校对：佟瑞鑫　封面设计：张　静
责任印制：张　博
北京雁林吉兆印刷有限公司印刷
2024 年 6 月第 1 版第 5 次印刷
184mm×260mm · 12 印张 · 287 千字
标准书号：ISBN 978-7-111-59202-0
定价：29.80 元

电话服务　　　　　　　　　　　　网络服务
客服电话：010-88361066　　　机 工 官 网：www.cmpbook.com
　　　　　010-88379833　　　机 工 官 博：weibo.com/cmp1952
　　　　　010-68326294　　　金 书 网：www.golden-book.com
封底无防伪标均为盗版　　机工教育服务网：www.cmpedu.com

前 言

STM32 芯片具有强大的定时计数能力和嵌入式控制功能，特别适用于数据处理的测控场合，如工业自动化控制、电力电子技术应用、智能化仪器仪表及电动机伺服控制系统等。为了帮助广大工程技术人员及教学人员尽快掌握 STM32 编程技术在控制中的应用，我们编写了本书。本书适用于高等院校自动化以及电气工程专业本科和高职高专的"伺服系统""交流伺服控制"课程及"伺服控制""电动机控制技术"课程设计，也可作为创新创业活动教材，并可供电力电子与电力传动硕士研究生和从事控制系统的工程技术人员参考。

本书介绍了 STM32 的结构、功能和接口原理，深入浅出地阐述了无刷直流电动机、永磁同步电动机及异步电动机的各种基本原理和方法，以及控制所必需的常用信号检测元件，使读者对 STM32 控制有较为系统的了解。书中系统地介绍了硬件和软件设计方法，并提供大量的范例给读者参考，有助于读者快速地了解整个控制系统的框架、需要设计的重点及难点。本书共七章：

第 1 章　伺服控制系统概述；

第 2 章　交流伺服控制系统基础知识；

第 3 章　交流伺服控制系统中的编程技术；

第 4 章　电压空间矢量 PWM；

第 5 章　无刷直流电动机控制技术；

第 6 章　永磁同步电动机控制技术；

第 7 章　异步电动机矢量控制技术。

本书主要由江西理工大学任志斌教授、林元璋副教授编著，宁德职业技术学院的钟灼仔老师在内容安排及例程环节提出了宝贵意见并参与编写部分内容，张文光、高平生、林伦标老师和张凯强、王子俭、许斌等研究生参与了程序调试及内容校对的工作。

另外，随着 CPU 芯片的快速发展，不同公司的 CPU 芯片不断推向市场，开发研究人员采用不同芯片开发控制器已成普遍现象。目前市场采用 STM32 芯片完成电动机控制的用户越来越多，笔者在与有需求的企业开发委托的项目都要求采用性价比高的芯片，因此选用了 STM32 并在书中以此芯片为例。

我们在编写过程中虽然花了不少精力，仍难免有错误与不足之处，殷切期望广大读者批评指正。如有需要，书中内容涉及控制装置可通过 QQ1273495106 联系。

编　者

目　录

第1章

伺服控制系统概述

1.1 伺服控制系统的基本概念

1.1.1 伺服控制系统的定义

伺服控制系统是一种能对机械运动按预定要求进行自动控制的系统，即被控制量（系统的输出量）是机械位移或位移速度、加速度的控制系统，其作用是使输出的机械位移（或转角）准确地跟踪输入的位移（或转角）。伺服系统的发展经历了从液压、气动到电气的过程。

1.1.2 伺服控制系统的组成

伺服控制系统一般包括比较环节、调节环节、执行环节、被控对象、检测环节五部分，如图1-1所示。比较环节是将输入的指令信号与系统的反馈信号进行比较，以获得输出与输入间的偏差信号的环节；调节环节通常是计算机或PID控制电路，其主要任务是对比较元件输出的偏差信号进行变换处理，以控制执行元件按要求动作；执行环节是按控制信号的要求，将输入的各种形式的能量转化成机械能，驱动被控对象工作，机电一体化系统中的执行元件一般指各种电动机或液压、气动伺服机构等；被控对象指位移、速度、加速度、力和力矩等；检测环节是指能够对输出进行测量并转换成比较环节所需信号的装置，一般包括传感器和转换电路。

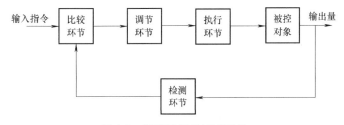

图1-1　伺服控制系统五部分

1.1.3 伺服控制系统性能的基本要求

1. 系统精度

伺服系统精度指的是输出量复现输入信号要求的精确程度，以误差的形式表现，可概括为动态误差、稳态误差。

2. 稳定性

伺服系统的稳定性是指当作用在系统上的干扰消失以后，系统能够恢复到原来稳定状态的能力；或者当给系统一个新的输入指令后，系统达到新的稳定运行状态的能力。

3. 响应特性

响应特性指的是输出量跟随输入指令变化的反应速度，决定了系统的工作效率。响应速度与许多因素有关，如计算机的运行速度、运动系统的阻尼和质量等。

1.1.4 伺服控制系统的种类

伺服控制系统的分类方法很多，常见的分类方法有以下两种。

1）按驱动元件的类型分类。伺服控制系统按所用控制元件的类型可分为机电伺服系统、液压伺服系统和气动伺服系统。

2）按控制原理分类。伺服控制系统按控制原理可分为开环控制伺服系统、闭环控制伺服系统和半闭环控制伺服系统。

常见的三种伺服控制系统如下：

1）气液压伺服控制系统。气液压伺服控制系统是以电动机提供动力基础，使用气液压泵将机械能转化为压力，推动气或液压油，通过控制各种阀门改变气或液压油的流向，从而推动气液压缸做出不同行程、不同方向的动作，完成各种设备不同的动作需要。

2）交流伺服控制系统。交流伺服控制系统包括基于异步电动机的交流伺服系统和基于同步电动机的交流伺服系统。除了具有稳定性好、快速性好、精度高的特点外，还具有一系列优点。它的性能指标可以从调速范围、定位精度、稳速精度、动态响应和运行稳定性等方面来衡量。

3）直流伺服控制系统。直流伺服控制系统的控制对象是直流电动机，可方便地进行转矩与转速控制。另一方面从控制角度看，直流伺服控制系统是一个单输入单输出的单变量控制系统，经典控制理论完全适用于这种系统。

以上是常用到的三种伺服控制系统，它们的工作原理和性能以及可以应用的范围都有所区别，各有自己的特点和优缺点。第2）、3）种属于电气伺服控制领域，随着技术的发展有逐渐取代第1）种的趋势，本书后面所指的伺服控制系统均为电气伺服控制系统。

1.2 电气伺服控制系统的发展

伺服系统在机电设备中具有重要的地位，高性能的伺服系统可以提供灵活、方便、准确、快速的驱动。随着技术的进步和整个工业的不断发展，特别是拖动系统的发展使得电气伺服控制系统的交流伺服驱动逐渐取代传统的液压、直流和步进驱动，以便使系统性能达到一个全新的水平，包括更短的周期、更高的生产率、更好的可靠性和更长的寿命。

1.2.1 电气伺服控制系统的发展过程

电气伺服控制系统根据所驱动的电动机类型分为直流（DC）和交流（AC）伺服控制系统。20世纪50年代，直流电动机实现了产品化，并在计算机外围设备和机械设备上获得了广泛的应用，20 世纪 70 年代则是直流伺服电动机应用最广泛的时代。但直流伺服电动机存在机械结构复杂、维护工作量大等缺点，在运行过程中转子容易发热，影响了与其连接的其他机械设备的精度，难以应用到高速及大容量的场合，机械换向器则成为直流伺服驱动技术发展的瓶颈。

从 20 世纪 70 年代后期到 80 年代初期，随着微处理器技术、大功率高性能半导体功率器件技术和电动机永磁材料制造工艺的发展及其性能价格比的日益提高，交流伺服控制技术的交流伺服电动机和交流伺服控制系统逐渐成为主导产品。交流伺服电动机克服了直流伺服电动机存在的电刷、换向器等机械部件所带来的各种缺点，特别是交流伺服电动机的过负荷特性和低惯性体现出交流伺服系统的优越性。

交流伺服控制系统按其采用的驱动电动机的类型来分主要有两大类：永磁同步电动机交流伺服系统和感应式异步电动机交流伺服系统。其中，永磁同步电动机交流伺服系统在技术上已趋于完全成熟，具备了十分优良的低速性能，并可实现弱磁高速控制，拓宽了系统的调速范围，适应了高性能伺服驱动的要求。随着永磁材料性能的大幅度提高和价格的降低，其在工业生产自动化领域中的应用将越来越广泛，目前已成为交流伺服系统的主流。感应式异步电动机交流伺服系统由于感应式异步电动机结构坚固、制造容易、价格低廉，因而具有很好的发展前景，代表了将来伺服控制技术的方向。但由于该系统的控制与自身参数有关，相对于永磁同步电动机伺服控制系统来说性能更不稳定，而且电动机低速运行时还存在着效率低、发热严重等有待克服的技术问题。

电气伺服控制系统的执行元件为电动机，功率变换器件通常采用智能功率模块（Intelligent Power Module，IPM），为进一步提高系统的动态和静态性能，可采用位置和速度闭环控制。三相交流电流的跟随控制能有效提高逆变器的电流响应速度，并且能限制暂态电流，从而有利于 IPM 的安全工作。速度和位置环可使用 CPU 控制，以使控制策略获得更高的控制性能。电流调节器若为比例积分形式，电流环都用足够大的比例积分调节器进行控制，其比例系数应该在保证系统不产生振荡的前提下尽量选大些，使被控电动机三相交流电流的幅值、相位和频率紧随给定值快速变化，从而实现电压型逆变器的快速电流控制。电流用比例调节，具有结构简单、电流跟随性能好以及限制电动机起制动电流等诸多优点。

从伺服驱动产品当前的应用来看，直流伺服产品正逐渐减少，交流伺服产品则日渐增加，市场占有率逐步扩大。在实际应用中，精度更高、速度更快、使用更方便的交流伺服控制产品已经成为工厂自动化等各个领域中的主流产品。

1.2.2 驱动产品概况

由于伺服驱动产品在工业生产中的应用十分广泛，市场上的相关产品种类很多，从普通电动机、变频电动机、伺服驱动机、变频器、伺服驱动到运动控制器、单轴控制器、多轴控制器、可编程序控制器、上位控制单元乃至车间和厂级监控工作站等一应俱全。

1. 伺服电动机

伺服电动机种类较多，如图 1-2 所示。随着永磁材料制造工艺的不断完善，新一代的伺服电动机大都采用无刷直流电动机和永磁同步电动机。最新的 $Nd_2Fe_{14}B$（钕铁硼）材料的剩余磁通密度、矫顽力和最大磁能积均好于其他永磁材料，再加上合理的磁极、磁路及电动机结构设计，大大地提高了电动机的性能，同时又缩小了电动机的外形尺寸。新一代的伺服电动机大都采用了新型的位置编码器，这种位置编码器的信号线数量从 9 根减少到 5 根，并支持增量型和绝对值型两种类型，通信速率达 4Mbit/s，通信周期为 62.5μs，数据长度为 12 位，编码器分辨率为 20bit，即每转生成 100 万个脉冲，编码器电源电流仅为 16μA。伺服电动机按照容量可以分为超小容量型（MINI 型）、小容量型、中容量型和大容量型。超小容量型的功率范围为 10~20W，小容量型的功率范围为 30~750W，中容量型的功率范围为 300W~15kW，大容量型的功率为 22kW 以上。

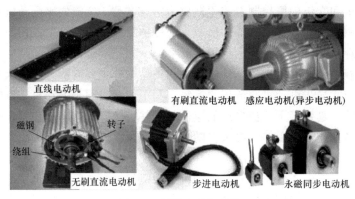

图 1-2　伺服电动机种类

2. 伺服控制单元

传统的模拟控制虽然具有连续性好、响应速度快及成本低的优点，但也有难以克服的缺点，如系统调试困难、容易受到环境温度变化的影响而产生漂移、难以实现柔性化设计、缺乏实现复杂计算的能力、无法实现现代化控制理论指导下的控制算法等。所以现代伺服控制均采用全数字化结构，伺服控制系统的主要理论也采用了现代矢量控制思想，实现了电流矢量的幅值控制和相位控制。为了提高产品的性能，新一代的伺服控制器采用了多种新技术、新工艺，主要体现在以下几个方面。

1）在电流环路中采用了 d-q 轴变换电流单元，在新的控制方式中，主 CPU 的运算量得以减少，通过硬件来进行电流环控制，即将控制算法固化在大规模集成电路（Large Scale Integrated Circuit，LSI）专用硬件环路中。通过采用高速的 d-q 轴变换电流单元，使电流环的转矩控制精度有了进一步的提高，实现了在稳态运行及瞬态运行时均能保持良好的性能。

2）采用了脉冲编码器倍增功能，新的控制算法使位置控制的整定时间缩短为原来的 1/3。

3）速度控制环采用速度实时检测控制算法，使电动机的低速性能得到进一步提高，速度波动和转矩波动降到最低。采用在线自动锁定功能，使伺服系统的调试时间缩短，操作更加简化。

4）采用主回路与控制回路进行电气隔离的结构，使操作及故障检测更加方便安全。

5）伺服控制一般均采用从电动机轴端的位置编码器采集位置信号进行反馈，在受控执行机械部分没有反馈采样信号，即半闭环的控制方式。目前的新产品则采用全闭环的控制方式，使机械加工误差、齿轮间隙、结构受力弹性变形等误差所造成的影响在伺服控制器中通过计算完成修正。

6）用 RISC（精简指令集计算机）技术，使 CPU 的数据处理能力由 8 位、16 位提高到

32 位，微处理器的主频提高到百兆赫兹以上。

3．上位控制

随着工业机械化设备对高速化、高精度化和小型化，以及多品种小批量化、高可靠性、免维护性能要求的提高，上位机控制得以广泛应用。

从上层的可编程序控制器（Programmable Logic Controller，PLC）、运动控制器、数控机床（Computer Numerical Control，CNC）控制器，可一直连到底层的通用输入/输出（I/O）控制单元和视觉传感系统。编程语言有梯形图、NC 语言、SFC 语言、运动控制语言等，均可按照用户要求灵活配置。系统可控制轴数从单轴到多达 44 轴，控制器可以连接从模拟信号到网络信号的各种信号类型，可广泛应用于半导体制造设备、加工机械、搬运机械、卷扬机械等，具有很高的性能价格比。

1.2.3　发展趋势

从前面的讨论可以看出，数字化交流伺服系统的应用越来越广，用户对伺服驱动技术的要求也越来越高。总的来说，伺服系统的发展趋势可以概括为以下几个方面。

1．交流化

伺服控制技术将继续迅速地由 DC 伺服系统转向 AC 伺服系统。从目前国际市场的情况看，几乎所有的新产品都是 AC 伺服系统。在工业发达的国家，AC 伺服电动机的市场占有率已超过 80%，在国内生产 AC 伺服电动机的厂家也越来越多，正在逐步超过生产 DC 伺服电动机的厂家。可以预见，不久的将来，除了在某些微型电动机领域之外，AC 伺服电动机将完全取代 DC 伺服电动机。

2．全数字化

采用新型高速微处理器和专用数字信号处理器的伺服控制单元将全面取代模拟电子器件为主的伺服控制单元，从而实现完全数字化的伺服系统。全数字化的实现，将原有的硬件伺服控制变成了软件伺服控制，从而使在伺服系统中应用现代控制理论的先进方法成为可能。

3．高度集成化

新的伺服系统产品改变了将伺服系统划分为速度伺服单元与位置伺服单元两个模块的做法，代之以单一的、高度集成化、多功能的控制单元。同一个控制单元，只要通过软件设置系统参数，就可以改变其性能，既可以使用电动机本身配置的传感器构成半闭环调节系统，又可以通过接口与外部的位置或速度或力矩传感器构成高精度的全闭环调节系统。

4．智能化

智能化是当前一切工业控制设备的流行趋势，伺服驱动系统作为一种高级的工业控制装置当然也不例外。最新数字化的伺服控制单元通常都设计为智能型产品，它们的智能化特点表现在以下几个方面。

1）具有参数记忆功能。系统的所有参数都可以通过人机对话的方式由软件来设置，保存在伺服单元内部，通过通信接口，这些参数甚至可以在运行途中由上位计算机加以修改。

2）具有故障自诊断与分析功能。无论什么时候，只要系统出现故障，就会将故障的类型以及可能引起故障的原因通过用户面板清楚地显示出来，这就简化了维修与调试的复杂性。

3）具有参数自整定的功能。众所周知，闭环调节系统的参数整定是保证系统性能指标的重要环节，带有自整定功能的伺服单元可以通过几次试运行自动将系统的参数整定出来，并自动实现其最优化。

5. 模块化和网络化

在国外，以工业局域网技术为基础的工厂自动化（Factory Automation，FA）工程技术在最近十年来得到了长足的发展，并显示出良好的发展势头。为适应这一发展趋势，最新的伺服系统都配置了标准的串行通信接口（如 RS-232C 接口等）和专用的局域网接口。这些接口的设置显著增强了伺服单元与其他控制设备的互连能力，从而与 CNC 系统间的连接也因此变得十分简单，只需要一根电缆或光缆就可以将数台，甚至数十台伺服单元与上位计算机连接成为整个数控系统。

综上所述，伺服控制系统将向两个方向发展：一个是满足一般工业应用的要求，对性能指标要求不是很高的应用场合，追求低成本、少维护、使用简单等特点的驱动产品，如变频电动机、变频器等；另一个就是代表着伺服系统发展水平的主导产品——伺服电动机、伺服控制器，追求高性能、高速度、数字化、智能化、网络化的驱动控制，以满足用户较高的要求。

1.3 交流伺服控制系统

电气伺服控制系统分为直流伺服控制系统及交流伺服控制系统，交流伺服控制系统包括基于异步电动机的交流伺服控制系统和永磁交流伺服控制系统。本书以永磁同步电动机及异步电动机控制为例，另外永磁同步电动机按照反电动势的不同有无刷直流电动机和永磁同步电动机，无刷直流电动机的反电动势是梯形波而永磁同步电动机的反电动势是正弦波，分别采用方波电流和正弦波电流驱动。

直流伺服中的直流电动机有优良的控制性能，其机械特性和调速特性均为平行的直线，这是各类交流电动机所没有的特性。此外，直流电动机还有起动转矩大、效率高、调速方便、动态特性好等特点。优良的控制特性使直流电动机在 20 世纪 70 年代前的很长时间里，在有调速、控制要求的场合，几乎成了唯一的选择。但是，直流电动机的结构复杂，其转子上安放电枢绕组和换向器，直流电源通过电刷和换向器将直流电送入电枢绕组并转换成电枢绕组中的交变电流，即进行机械式电流换向。复杂的结构限制了直流电动机体积和重量的进一步减小，尤其是电刷和换向器的滑动接触造成了机械磨损和火花，使直流电动机的故障多、可靠性低、寿命短、保养维护工作量大。换向火花既造成了换向器的电腐蚀，还是一个无线电干扰源，会对周围的电器设备带来有害的影响。电动机的容量越大、转速越高，问题就越严重。所以，普通直流电动机的电刷和换向器限制了其向高速度、大容量的发展。在交流电网上，人们还广泛使用着交流异步电动机来拖动工作机械。交流异步电动机具有结构简单、工作可靠、寿命长、成本低、保养维护简便等优点。但是，与直流电动机相比，它调速性能差、起动转矩小、过载能力和效率低。交流异步电动机旋转磁场的产生需从电网吸取无功功率，故功率因数低，轻载时尤其，这大大增加了线路和电网的损耗。长期以来，在不要求调速的场合，如风机、水泵、普通机床的驱动中，异步电动机占有主导地位，由于电动机本身效率较低，因而损失了大量电能。自 20 世纪 70 年代以来，科学技术的发展极大地推动了永磁同步电动机的发展和应用，主要的原因有：

1) 高性能永磁材料的发展。永磁材料近年来的开发很快，现有铝镍钴、铁氧体和稀土永磁体三大类。稀土永磁体又有第一代钐钴、第二代钐钴和第三代钕铁硼。铝镍钴是 20 世纪 30 年代研制成功的永磁材料，虽具有剩磁感应强度高、热稳定性好等优点，但它矫顽力低，抗退磁能力差，而且要用贵重的金属钴，成本高，这些不足大大限制了它在电动机中的应用。铁氧体磁体是 20 世纪 50 年代初开发的永磁材料，其最大的特点是价格低廉，有较高的矫顽力，其不足是剩磁感应强度和磁能积都较低。钐钴稀土永磁材料在 20 世纪 60 年代中期问世，它具有铝镍钴一样高的剩磁感应强度，矫顽力比铁氧体高，但钐钴稀土材料价格较高。20 世纪 80 年代初钕铁硼稀土永磁材料出现，它具有高的剩磁感应强度、高的矫顽力、高的磁能积，这些特点特别适合在电动机中使用。其不足是温度系数大，居里点低，容易氧化生锈而需涂复处理。经过不断改进提高，这些缺点大多已经克服，现钕铁硼永磁材料最高的工作温度已可达 180℃，一般也可达 150℃，已足以满足绝大多数电动机的使用要求。永磁材料的发展极大地推动了永磁同步电动机的开发应用。在同步电动机中用永磁体取代传统的电励磁磁极的好处是简化了结构，消除了转子的集电环、电刷，实现了无刷结构，缩小了转子体积，省去了励磁直流电源，消除了励磁损耗和发热。当今中小功率的同步电动机绝大多数已采用永磁式结构。

2) 电力电子技术的发展大大促进了永磁同步电动机的开发应用。电力电子技术是信息产业和传统产业间重要的接口，是弱电与被控强电之间的桥梁。自 1958 年世界上第一个功率半导体开关晶闸管发明以来，电力电子元件已经历了第一代半控式晶闸管、第二代有自关断能力的半导体器件（大功率晶体管（GTR）、门极关断晶闸管（GTO）、功率场效应晶体管（MOSFET））及第三代复合场控器件（绝缘栅双极型晶体管（IGBT）、静电感应晶体管（SIT）、MOS 控制晶体管（MCT）等），直至 20 世纪 90 年代出现的第四代功率集成电路 IPM。半导体开关器件性能不断提高，容量迅速增大，成本降低，控制电路日趋完美，极大地推动了各类电动机的控制。20 世纪 70 年代出现了通用变频器的系列产品，可将工频电源转变为频率连续可调的变频电源，这就为交流电动机的变频调速创造了条件。这些变频器在频率设定后都有软起动功能，频率会以一定速率从零上升，而且此上升速率可以在很大的范围任意调整，这对同步电动机而言就是解决了起动问题。对最新的自同步永磁同步电动机，高性能电力半导体开关组成的逆变电路是其控制系统必不可少的功率环节。

3) 大规模集成电路和计算机技术的发展完全改观了现代永磁同步电动机的控制。集成电路和计算机技术是电子技术发展的代表，它们不仅是高新电子信息产业的核心，又是不少传统产业的改造基础。它们的飞速发展促进了电动机控制技术的发展与创新。20 世纪 70 年代人们对交流电动机提出了矢量控制的概念。这种理论的主要思想是将交流电动机电枢绕组的三相电流通过坐标变换分解成励磁电流分量和转矩电流分量，从而将交流电动机模拟成直流电动机来控制，可获得与直流电动机一样良好的动态调速特性。这种控制方法已经成熟，并已成功地在交流伺服系统中得到应用。因为这种方法采用了坐标变换，所以对控制器的运算速度、数据处理能力、控制的实时性和控制精度等提出了很高的要求，常用的 51 系列单片机往往不能满足要求。近年来各种集成化的数字信号处理器发展很快，性能不断改善，软件和开发工具越来越多，出现了专门用于电动机控制的高性能、低价位的芯片，如 STM32 系列芯片。集成电路和计算机技术的发展对永磁同步电动机控制技术起到了重要的推动作用。

1.3.1　交流伺服控制系统的驱动方式与应用

交流伺服控制系统驱动在实际应用中分为定速驱动、调速驱动和精密控制驱动三类。

1. 定速驱动

工农业生产中有大量的生产机械要求连续地以大致不变的速度单方向运行，如风机、水泵、压缩机、普通机床等。对这类机械以往大多采用三相或单相异步电动机来驱动。异步电动机成本较低，结构简单可靠，维修方便，很适合该类机械的驱动。但是，异步电动机效率及功率因数低、损耗大，而该类电动机使用面广量大，故有大量的电能在使用中被浪费了。其次，工农业中大量使用的风机、水泵往往亦需要调节其流量，通常是通过调节风门、阀来完成的，这其中又浪费了大量的电能。20 世纪 70 年代起，人们用变频器调节风机、水泵中异步电动机转速来调节它们的流量，取得可观的节能效果，但变频器的成本又限制了它的使用，而且异步电动机本身的低效率依然存在。例如，家用空调压缩机原先都是采用单相异步电动机，开关式控制其运行，噪声和较高的温度变化幅度是它的不足。20 世纪 90 年代初，日本东芝公司首先在压缩机控制上采用了异步电动机的变频调速，变频调速的优点促进了变频空调的发展。近年来日本的日立、三洋等公司开始采用永磁同步电动机来替代异步电动机的变频调速，显著提高了效率，获得了更好的节能效果和进一步降低了噪声。在相同的额定功率和额定转速下，设单相异步电动机的体积和质量为 100%，则永磁同步电动机的体积为 38.6%，质量为 34.8%，用铜量为 20.9%，用铁量为 36.5%，效率提高 10% 以上，而且调速方便，价格和异步电动机变频调速相当。永磁同步电动机在空调中的应用促进了空调机的升级换代。再如，仪器仪表等设备上大量使用的冷却风扇，以往都采用单相异步电动机外转子结构的驱动方式，它的体积和质量大，效率低，近年来已经完全被无刷直流电动机驱动的无刷风机所取代。现代迅速发展的各种计算机等信息设备上更是无例外地使用着无刷风机。近年来的实践表明，在功率不大于 10kW 而连续运行的场合，为减小体积、节省材料、提高效率和降低能耗等因素，越来越多的异步电动机驱动正被永磁同步电动机和无刷直流电动机逐步替代。而在功率较大的场合，由于一次成本和投资较大，除了永磁材料外，还要功率较大的驱动器，故还较少有应用。

2. 调速驱动

有相当多的工作机械，其运行速度需要任意设定和调节，有不同的静动态性能要求。这类驱动系统在包装机械、食品机械、印刷机械、物料输送机械、纺织机械和交通车辆中有大量应用。在这类调速应用领域最初用的最多的是直流电动机调速系统，20 世纪 70 年代后随着电力电子技术和控制技术的发展，异步电动机的变频调速迅速渗透到原来的直流调速系统的应用领域。这是因为一方面异步电动机变频调速系统的性能价格完全可与直流调速系统相媲美，另一方面异步电动机与直流电动机相比有着容量大、可靠性高、干扰小、寿命长等优点。故异步电动机变频调速在许多场合迅速取代了直流调速系统。

交流永磁同步电动机由于其体积小、质量轻、高效节能等一系列优点，越来越引起人们的重视，其控制技术日趋成熟，控制器已产品化。中小功率的异步电动机变频调速正逐步被永磁同步电动机调速系统所取代。电梯驱动就是一个典型的例子，电梯的驱动系统对电动机的加速、稳速、制动、定位都有一定的要求。早期人们采用直流电动机调速系统，其缺点是不言而喻的。20 世纪 70 年代变频技术发展成熟，异步电动机的变频调速驱动迅速取代了电梯行业中的直流调速系统。而近几年电梯行业中最新驱动技术就是永磁同步电动机调速系统，其体积小、节能、控制性能好，又容易做成低速直接驱动，消除齿轮减速装置；其低噪声、平层精度和舒适性都优于以前的驱动系统，适合在无机房电梯中使用。可以预见，在调速驱动的场合，将会是永磁同步电动机的天下，广泛应用于电动车、泵、运输机械、搅拌机、卷扬机、升降机、起重机等多种场合。

笔者完成企业委托的 AGV（Automated Guided Vehicle，自动导航车）车轮电动机驱动属于调速驱动。图 1-3 为 AGV 外观，装备有电磁或光学等自动导引装置，能够沿规定的导引路径行驶。图 1-4 为 AGV 两侧车轮，图 1-5 为 AGV 电动机驱动板，通过两侧车轮速度的变化完成方向控制，AGV 车轮电动机驱动器在实际运行时要求较高，特别是动态性能，具体体现为在空载和带载能以低速、中速、高速和最高速运行，并能通过直线、岔路、汇合路、路坎以及半径为1m弯道等路径。在加载和快速运行时顺利通过半径为1m弯道是实际测试的难点，此时要求 AGV 的两侧电动机能快速调节，要求较高的调速性能。

图 1-3　AGV 外观

图 1-4　AGV 两侧车轮

3. 精密控制驱动

（1）高性能的伺服控制系统

应用动静态性能高的场合，实际应用中，伺服电动机有各种不同的控制方式，如转矩控制/电流控制、速度控制、位置控制等。伺服电动机系统也经历了直流伺服系统、交流伺服系统、步进电动机驱动系统，直至近年来最为引人注目的永磁电动机交流伺服系统。最近几年进口的各类自动化设备、自动加工装置和机器人等绝大多数都采用永磁同步电动机的交流伺服系统，如图 1-6 所示的数控机床和机器人。

图 1-5　AGV 电动机驱动板

（2）信息技术中的永磁同步电动机

当今信息技术高度发展，各种计算机外设和办公自动化设备也随之高度发展，与其配套的关键部件微电动机需求量大，精度和性能要求也越来越高。对这类微电动机的要求是小型化、薄形化、高速、长寿命、高可靠、低噪声和低振动，精度要求更是特别高。例如，硬盘

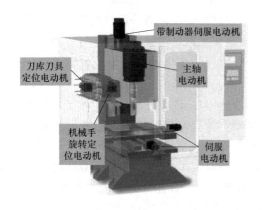

图 1-6　高性能的伺服控制在数控机床和机器人中的应用

驱动器用主轴驱动电动机是永磁无刷直流电动机，它以近 10000r/min 的高速带动盘片旋转，盘片上执行数据读写功能的磁头在离盘片表面只有 $0.1 \sim 0.3 \mu m$ 处做悬浮运动，其精度要求之高可想而知了。信息技术中各种设备如打印机、软硬盘驱动器、光盘驱动器、传真机、复印机等所使用的驱动电动机绝大多数是永磁无刷直流电动机。受技术水平限制，这类微电动机目前国内还不能自己制造，有部分产品在国内组装。

1.3.2　交流伺服控制系统的应用前景

异步电动机交流伺服控制系统由于感应式异步电动机结构坚固、制造容易、价格低廉，因而具有很好的发展前景。但由于该系统采用矢量变换控制并与电动机内部参数相关，相对永磁同步电动机伺服系统来说控制比较复杂，而且电动机低速运行时还存在着效率低、发热严重等有待克服的技术问题，这些问题制约了异步电动机在伺服系统中的快速发展。

永磁交流伺服控制系统最早应用于宇航和军事领域，如火炮、雷达控制，后逐渐应用于工业领域和民用领域。随着永磁交流伺服系统控制精度和稳定性等指标不断进步，其对于高端装备制造业的重要作用被市场逐渐认可，市场容量高速成长，并远远超出自动化行业平均增长水平。特别是大功率永磁交流伺服系统的出现提升了传动精度和速度，更具节能、环保、低噪等优势，是对当前传统装备制造业的一次革命性的提升，蕴藏巨大的发展空间。比如，永磁交流伺服系统能够对液压系统进行按需定量的精确控制，可以大幅度降低系统发热和能耗；直驱重载永磁交流伺服系统的应用能够简化机械传动系统，替代高耗能的液压传动系统，提高设备工作精度和效率，将为机械装备制造业带来重大变革。经济全球化使得中国逐渐成为全球制造中心，与装备制造业密切相关的永磁交流伺服系统的市场规模在我国迅速发展。永磁交流伺服系统产品行业覆盖面宽，可应用于纺织机械、印刷机械、包装机械、医疗设备、半导体设备、冶金机械、自动化流水线等各种专用设备，以及工业机器人等通用设备。目前，人工操作的非数控设备仍在国内占有较大市场份额。随着用户对产品性能和自动化程度需求的提升，永磁交流伺服系统市场发展潜力巨大。

习题和思考题

1. 什么叫伺服控制系统？其作用是什么？

2. 伺服控制系统由哪几部分组成？

3. 伺服控制系统性能的基本要求有哪些？

4. 伺服控制系统的种类有哪些？

5. 交流伺服控制系统中，按其采用的驱动电动机的类型来分有哪两部分？

6. 在永磁同步电动机伺服控制中，永磁同步电动机按反电动势波形的不同有哪些？其驱动有什么不同？

7. 举例说明伺服控制系统驱动在实际中的应用。

第2章

交流伺服控制系统基础知识

2.1 控制器芯片

目前应用于电动机控制的芯片型号众多，由于 STM32 具有如下优势，目前市场采用 STM32 芯片完成电动机控制的用户越来越多，因此选用 STM32 应用于电动机控制中。

1）超低的价格。以 8 位机的价格得到 32 位机，是 STM32 最大的优势。

2）超多的外设。STM32 拥有包括 FSMC（可变静态存储控制器）、TIMER、SPI、IIC、USB、CAN、IIS、SDIO、ADC、DAC、RTC、DMA 等众多外设及功能，具有极高的集成度。

3）丰富的型号。STM32 拥有 F101、F102、F103、F105、F107 五个系列数十种型号，具有 QFN、LQFP、BGA 等封装可供选择。

4）优异的实时性能。84 个中断，16 级可编程优先级，并且所有的引脚都可以作为中断输入。

5）杰出的功耗控制。STM32 各个外设都有自己的独立时钟开关，可以通过关闭相应外设的时钟来降低功耗。

6）极低的开发成本。STM32 的开发不需要昂贵的仿真器，只需要一个串口即可下载代码，并且支持 SWD 和 JTAG 两种调试口。SWD 调试可以为设计带来更多的方便，只需要两个 I/O 口即可实现仿真调试。

2.1.1 STM32 系列芯片的结构及性能

STM32 系列是为要求高性能、低成本、低功耗的嵌入式应用设计的 ARM Cortex-M3 内核。按内核架构分为不同产品，其中 STM32F1 系列有 STM32F103 "增强型" 系列、STM32F101 "基本型" 系列。增强型系列时钟频率达到 72MHz，是同类产品中性能最高的产品，基本型时钟频率为 36MHz。

以 STM32F103RBT6 型号的芯片为例，说明该型号的 7 个组成部分，其命名规则见表 2-1。

表 2-1　STM32F103 系列命名规则

序号	组成	说　明
1	STM32	STM32 代表 ARM Cortex-M3 内核的 32 位微控制器
2	F	F 代表芯片子系列
3	103	103 代表增强型系列

（续）

序号	组成	说　　明
4	R	R 这一项代表引脚数，其中 T 代表 36 脚，C 代表 48 脚，R 代表 64 脚，V 代表 100 脚，Z 代表 144 脚，I 代表 176 脚
5	B	B 这一项代表内嵌 Flash 容量，其中 6 代表 32KBFlash，8 代表 64KBFlash，B 代表 128KBFlash，C 代表 256KBFlash，D 代表 384KBFlash，E 代表 512KBFlash，G 代表 1MBFlash
6	T	T 这一项代表封装，其中 H 代表 BGA 封装，T 代表 LQFP 封装，U 代表 VFQFPN 封装
7	6	6 这一项代表工作温度范围，其中 6 代表 -40~85℃，7 代表 -40~105℃

STM32F103 性能特点如下：

1）内核：ARM32 位 Cortex-M3 CPU，最高工作频率为 72MHz，1.25DMIPS/MHz。

2）存储器：片上集成 32~512KB 的 Flash 存储器，6~64KB 的 SRAM 存储器。

3）时钟、复位和电源管理：2.0~3.6V 的电源供电和 I/O 接口的驱动电压。上电复位（POR）、掉电复位（PDR）和可编程的电压探测器（PVD）。4~16MHz 的晶振。内嵌出厂前调校的 8MHz *RC* 振荡电路。内部 40kHz 的 *RC* 振荡电路，用于 CPU 时钟的 PLL；带校准用于 RTC 的 32kHz 的晶振。

4）低功耗：3 种低功耗模式，即休眠、停止、待机模式。为 RTC 和备份寄存器供电的 VBAT。

5）调试模式：串行调试（SWD）和 JTAG 接口。

6）DMA：12 通道 DMA 控制器。支持的外设有定时器、ADC、DAC、SPI、IIC 和 UART。

7）3 个 12 位的微秒级的 A-D 转换器（16 通道）：测量范围为 0~3.3V，双采样和保持能力，片上集成一个温度传感器。

8）2 通道 12 位 D-A 转换器：STM32F103xC、STM32F103xD、STM32F103xE 独有。

9）最多高达 112 个的快速 I/O 端口：根据型号的不同，有 26、37、51、80 和 112 个 I/O 端口，所有的端口都可以映射到 16 个外部中断向量。除了模拟输入，所有的 I/O 端口都可以接收 5V 以内的输入。

10）最多高达 11 个定时器：4 个 16 位定时器，每个定时器有 4 个 IC/OC/PWM 或者脉冲计数器；2 个 16 位的 6 通道高级控制定时器；最多 6 个通道可用于 PWM 输出；2 个看门狗定时器（独立看门狗和窗口看门狗）；1 个 SysTick 定时器，即 24 位倒计时定时器；2 个 16 位基本定时器，用于驱动 DAC。

11）最多高达 13 个通信接口：2 个 IIC 接口（SMBus/PMBus）；5 个 USART 接口（ISO7816 接口，LIN、IrDA 兼容，调试控制）；3 个 SPI 接口（18 Mbit/s），2 个和 IIS 复用；1 个 CAN 接口（2.0B）；1 个 USB 2.0 全速接口；1 个 SDIO 接口。

12）ECOPACK 封装：STM32F103xx 系列微控制器采用 ECOPACK 封装形式。

2.1.2　STM32 的存储空间及时钟

1. 存储空间

STM32 芯片片内集成了 Flash、RAM 和 ROM，具体的存储器资源如图 2-1 所示。存储器就像一个仓库，仓库用来存放很多的货物，只不过存储器是用来存放指令和数据的。

存储器映射是指把芯片中或芯片外的 Flash、RAM、外设、Boot Block 等进行统一编址，即用地址来表示对象。这个地址绝大多数是由厂商规定好的，用户只能用而不能改。用户只能在挂外部 RAM 或 Flash 的情况下可进行自定义。图 2-1 为 Cortex-M3 存储器映射结构图。

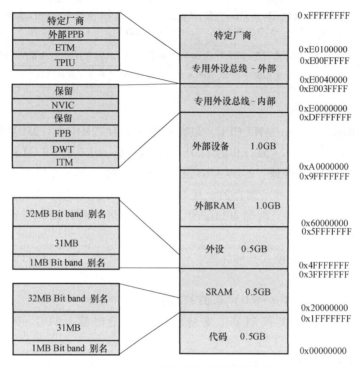

图 2-1　Cortex-M3 存储器映射结构图

Cortex-M3 是 32 位的内核，因此其 PC 指针可以指向 2^{32} = 4GB 的地址空间，也就是 0x00000000~0xFFFFFFFF 空间。Cortex-M3 内核将 0x00000000~0xFFFFFFFF 这块 4GB 大小的空间分成 8 大块：代码、SRAM、外设、外部 RAM、专用外设总线-内部、专用外设总线-外部、特定厂商。使用该内核的设计者必须按照图 2-1 进行各自芯片的存储器结构设计。对比一下 Cortex-M3 存储器结构和 STM32 存储器结构，如图 2-2 所示。

由图 2-2 可以看到，STM32 的存储器结构和 Cortex-M3 的很相似，有些地址范围与芯片型号有关，如 Flash 的大小在表 2-1 中已指出 B 这一项代表内嵌 Flash 容量，其中 6 代表 32KB Flash，8 代表 64KB Flash。

现在有与存储器相关的几个问题应该了解：下载的程序存放在哪里？程序如何开始运行的？程序如何操作 Flash 中的数据？程序如何加密？

1）当前的嵌入式应用程序开发过程里，C 语言成为了绝大部分场合的最佳选择。如此一来 main 函数似乎成为了理所当然的起点，因为 C 程序往往从 main 函数开始执行。但一个经常会被忽略的问题是微控制器（单片机）上电后，是如何寻找到并执行 main 函数的呢？很显然微控制器无法从硬件上定位 main 函数的入口地址，因为使用 C 语言作为开发语言后，变量/函数的地址便由编译器在编译时自行分配，这样一来 main 函数的入口地址在微控制器的内部存储空间中不再是绝对不变的。相信读者都可以回答这个问题，答案也许大同

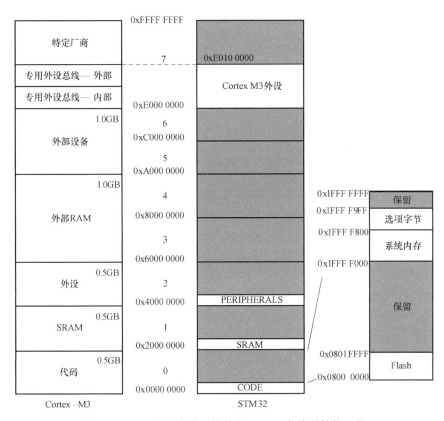

图 2-2　Cortex-M3 存储器结构和 STM32 存储器结构比较

小异，但肯定都有个关键词"启动文件"。STM32 的启动文件首先在代码区的起始处建立中断向量表，其第一个表项是栈顶地址，第二个表项是复位中断服务入口地址；然后在复位中断服务程序中跳转 C/C++标准实时库的_ main 函数，完成用户堆栈等的初始化后，跳转 .c 文件中的 main 函数开始执行 C 程序。假设 STM32 被设置为从内部 Flash 启动（这也是最常见的一种情况 BOOT0 = 0），中断向量表起始地位为 0x8000000，则栈顶地址存放于 0x8000000 处，而复位中断服务入口地址存放于 0x8000004 处。当 STM32 遇到复位信号后，则从 0x80000004 处取出复位中断服务入口地址，继而执行复位中断服务程序；然后跳转_ main 函数，负责完成库函数的初始化和初始化应用程序执行环境；最后进入 mian 函数，执行 C 语言程序。

2）STM32 本身没有自带 EEPROM，但是 STM32 具有 IAP（在应用编程）功能，所以 . 可以把它的 Flash 当成 EEPROM 来使用。对一些对数据安全有要求的场合，可编程 Flash 可以结合 STM32 内部唯一的身份标识实现各种各样的防破解方案。STM32 的 Flash 分为主存储块和信息块，主存储块用于保存具体的程序代码和用户数据，信息块用于负责由 STM32 出厂时放置 2KB 的启动程序（Bootloader）和 512B 的用户配置信息区。主存储块是以页为单位划分的，一页大小为 1KB，范围为从地址 0x08000000 开始的 128KB 内。对 Flash 的写入操作要遵循"先擦除后写入"的原则；STM32 的内置 Flash 编程操作都是以页为单位写入的，而写入的操作必须要以 16 位半字宽度数据为单位，允许跨页写，写入非 16 位数据时将导致 STM32 内部总线错误。进行内置 Flash 读/写时，必须要打开内部 RC 振荡器，以下是

Flash 读/写子程序。

/ * * * * * * * * * * * * * * 从指定地址开始读出指定长度的数据 * * * * * * * *
* * * * * * * * * * */

//ReadAddr：起始地址

//pBuffer：数据指针

//NumToWrite：半字（16 位）数

extern u8 receive［6］；

void flash_ read（u32 ReadAddr，u16 * pBuffer，u16 NumToRead）

｛

    u16 i；

    for（i＝0；i<NumToRead；i++）

   ｛

      pBuffer［i］＝flash_ readhalfword（ReadAddr）；//读取 2B

      ReadAddr+＝2；//偏移 2B

   ｝

｝

/ * * * * * * * * * 从指定地址开始写入指定长度的数据 * * * * * * * * * * * *
* * * * * * * */

//WriteAddr：起始地址（此地址必须为 2 的倍数!!）

//pBuffer：数据指针

//NumToWrite：半字（16 位）数（就是要写入的 16 位数据的个数）

#define STM_ SECTOR_ SIZE 1024//字节

#defineSTM32_ FLASH_ SIZE 32//小容量的 Flash，这个值正不正确很重要

#defineSTM32_ FLASH_ BASE 0x08000000

#defineSTM32_ FLASH_ SAVE 0x08007000

#defineSTM32_ FLASH_ WREN 1//使能 Flash 写入（0，不使能；1，使能）

u16 STMFLASH_ BUF［STM_ SECTOR_ SIZE/2］；//最多是 2KB

extern const u8 TEXT_ Buffer［6］；

extern u8 receive［6］；

void flash_ write（u32 WriteAddr，u16 * pBuffer，u16 NumToWrite）

｛

  u32 secpos； //扇区地址

  u16 secoff； //扇区内偏移地址（16 位字计算）

  u16 secremain；//扇区内剩余地址（16 位字计算）

  u16 i；

  u32 offaddr； //去掉 0x08000000 后的地址

if（（WriteAddr<STM32_ FLASH_ BASE）||（WriteAddr>＝（STM32_ FLASH_ BASE+
1024 * STM32_ FLASH_ SIZE）））

    return；//非法地址

```
flash_ unlock （）；
offaddr = WriteAddr-STM32_ FLASH_ BASE；//实际偏移地址
secpos = offaddr/STM_ SECTOR_ SIZE；//扇区地址
secoff = （offaddr%STM_ SECTOR_ SIZE）/2；//在扇区内的偏移（2B 为基本单位）
secremain = STM_ SECTOR_ SIZE/2-secoff；//扇区剩余空间大小
if （NumToWrite <= secremain） secremain = NumToWrite；//不大于该扇区范围
while （1）
｛
    flash_ read （secpos ∗ STM_ SECTOR_ SIZE + STM32_ FLASH_ BASE，STMFLASH_ BUF，
STM_ SECTOR_ SIZE/2）；//读出整个扇区的内容
        for （i = 0；i<secremain；i++） //校验数据
          ｛
            if （STMFLASH_ BUF ［secoff+i］！ = 0XFFFF） break；//需要擦除
          ｝
        if （i<secremain） //需要擦除
          ｛
            flash_ erasepage （secpos ∗ STM_ SECTOR_ SIZE + STM32_ FLASH_ BASE）；//
            擦除这个扇区
            for （i = 0；i<secremain；i++）
              ｛
                STMFLASH_ BUF ［i+secoff］ = pBuffer ［i］；//复制
              ｝

            flash_ write_ nocheck （secpos ∗ STM_ SECTOR_ SIZE + STM32_ FLASH_ BASE，
            STMFLASH_ BUF，STM_ SECTOR_ SIZE/2）；//写入整个扇区
          ｝
        else

            flash_ write_ nocheck （WriteAddr，pBuffer，secremain）；//写已经擦除了的，
            直接写入扇区剩余区间

        if （NumToWrite = = secremain）
          break；//写入结束了
        else//写入未结束
          ｛
            secpos++；　//扇区地址增 1
            secoff = 0；　//偏移位置为 0
            pBuffer+ = secremain；//指针偏移
            WriteAddr+ = secremain；//写地址偏移
```

```
            NumToWrite-=secremain;    //字节（16 位）数递减
            if（NumToWrite>（STM_SECTOR_SIZE/2））
              {
                  secremain=STM_SECTOR_SIZE/2;//下一个扇区还是写不完
              }
              else secremain=NumToWrite;//下一个扇区可以写完了
          }
      }
      flash_lock（）;//上锁
  }
```

3）STM32 程序加密，最基本的方法是置读保护，这样可以防止外部工具非法访问。在 STM32 官网发布的串口 ISP 软件中有置读保护和加密选项，选择一个就可以了，这样外部工具就无法对 Flash 进行读/写操作了。但要重新烧写 Flash 怎么办？只能清读保护，而清读保护后，芯片内部会自动擦除 Flash 全部内容。还有另一种方法，可以采用芯片内的唯一 ID 来加密，在程序里识别芯片的 ID，如果 ID 不对，则程序不运行。当然，这样安全性又要更高一些，但每个芯片的 ID 不一样，因此对应的程序也应该不一样。96 位的产品唯一身份标识所提供的参考号码对任意一个 STM32 微控制器，在任何情况下都是唯一的。用户在任何情况下，都不能修改这个身份标识。这个 96 位的产品唯一身份标识，按照用户不同的用法，可以以字节（8 位）为单位读取，也可以以半字（16 位）或者全字（32 位）为单位读取。产品唯一身份标识基地址为 0x1FFFF7E8，一进 main 函数处加入以下代码：

```
static u32 CpuID［3］;
static u32 Lock_Code;
void GetLockCode（void）
{
//获取 CPU 唯一 ID
CpuID［0］=*（vu32*）（0x1ffff7e8）;
CpuID［1］=*（vu32*）（0x1ffff7ec）;
CpuID［2］=*（vu32*）（0x1ffff7f0）;
//加密算法，很简单的加密算法
Lock_Code=（CpuID［0］>>1）+（CpuID［1］>>2）+（CpuID［2］>>3）;
}
if（Lock_Code！=0x123456789ABC）return;//假设 0x123456789ABC 是当前芯片的 ID
```

2. 系统时钟

在 STM32 中有 5 个时钟源，即 HSI、HSE、LSI、LSE、PLL，如图 2-3 所示。其中，HSI 是高速内部时钟，*RC* 振荡器，频率为 8MHz；HSE 是高速外部时钟，可接石英/陶瓷谐振器，或者接外部时钟源，频率范围为 4~16MHz；LSI 是低速内部时钟，*RC* 振荡器，频率为 40kHz；LSE 是低速外部时钟，接频率为 32.768kHz 的石英晶体；PLL 为锁相环倍频输出，其时钟输入源可选择为 HSI/2、HSE 或者 HSE/2，倍频可选择为 2~16 倍，但是其输出频率最大不得超过 72MHz。

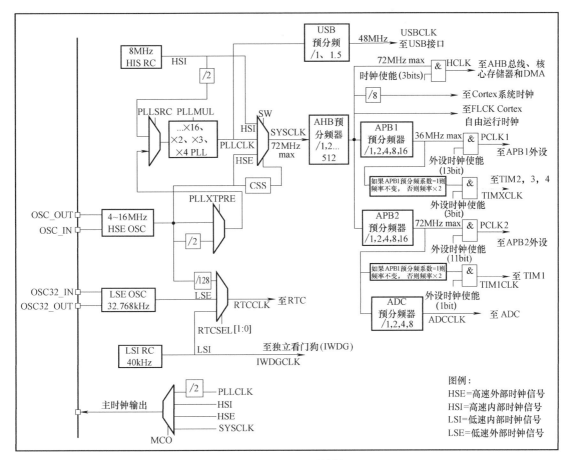

图 2-3 STM32 时钟树

用 HSE 时钟，程序设置时钟参数流程：

1）将 RCC 寄存器重新设置为默认值 RCC_DeInit；

2）打开外部高速时钟晶振 HSE RCC_HSEConfig（RCC_HSE_ON）；

3）等待外部高速时钟晶振工作 HSEStartUpStatus = RCC_WaitForHSEStartUp（）；

4）设置 AHB 时钟 RCC_HCLKConfig；

5）设置高速 AHB 时钟 RCC_PCLK2Config；

6）设置低速 AHB 时钟 RCC_PCLK1Config；

7）设置 PLL RCC_PLLConfig；

8）打开 PLL RCC_PLLCmd（ENABLE）；

9）等待 PLL 工作 while（RCC_GetFlagStatus（RCC_FLAG_PLLRDY）= = RESET）

10）设置系统时钟 RCC_SYSCLKConfig；

11）判断 PLL 是否是系统时钟 while（RCC_GetSYSCLKSource（）！= 0x08）

12）打开要使用的外设时钟 RCC_APB2PeriphClockCmd（）/RCC_APB1PeriphClockCmd（）

下面是 STM32 软件固件库的程序中对 RCC 的配置函数（使用外部 8MHz 晶振）。

```
void RCC_Configuration( void)
{
```

ErrorStatus HSEStartUpStatus;/＊定义枚举类型变量 HSEStartUpStatus ＊/

RCC_DeInit( );/＊ 复位系统时钟设置 ＊/

RCC_HSEConfig(RCC_HSE_ON);/＊ 开启 HSE ＊/

HSEStartUpStatus＝RCC_WaitForHSEStartUp( );/＊ 等待 HSE 起振并稳定 ＊/

if(HSEStartUpStatus＝＝SUCCESS)/＊ 判断 HSE 起振是否成功,是则进入 if( )内部 ＊/

　　{

　　　　RCC_HCLKConfig(RCC_SYSCLK_Div1);/＊ 选择 HCLK(AHB)时钟源为 SYSCLK 1 分频 ＊/

　　　　RCC_PCLK2Config(RCC_HCLK_Div1);/＊ 选择 PCLK2 时钟源为 HCLK(AHB) 1 分频 ＊/

　　　　RCC_PCLK1Config(RCC_HCLK_Div2);/＊ 选择 PCLK1 时钟源为 HCLK(AHB) 2 分频 ＊/

　　　　FLASH_SetLatency(FLASH_Latency_2);/＊ 设置 Flash 延时周期数为 2 ＊/

　　　　FLASH_PrefetchBufferCmd(FLASH_PrefetchBuffer_Enable);/＊ 使能 Flash 预取缓存 ＊/

　　　　RCC_PLLConfig(RCC_PLLSource_HSE_Div1, RCC_PLLMul_8);/＊ 选择锁相环(PLL) 时钟源为 HSE 1 分频,倍频数为 8,则 PLL 输出频率为 8MHz×8＝64MHz ＊/

　　　　RCC_PLLCmd(ENABLE);/＊ 使能 PLL ＊/

　　　　while(RCC_GetFlagStatus(RCC_FLAG_PLLRDY)＝＝RESET);/＊ 等待 PLL 输出稳定 ＊/

　　　　RCC_SYSCLKConfig(RCC_SYSCLKSource_PLLCLK);/＊ 选择 SYSCLK 时钟源为 PLL ＊/

　　　　while(RCC_GetSYSCLKSource( ) ！ ＝0x08);/＊ 等待 PLL 成为 SYSCLK 时钟源 ＊/

　　}

/＊ 使能各个用到的外设时钟 ＊/

　　RCC_AHBPeriphClockCmd(RCC_AHBPeriph_DMA1, ENABLE);

　　RCC_APB1PeriphClockCmd(RCC_APB1Periph_USART3 | RCC_APB1Periph_TIM2 | RCC_APB1Periph_TIM3 | RCC_APB1Periph_TIM4, ENABLE);

　　RCC_APB2PeriphClockCmd(RCC_APB2Periph_ADC1 | RCC_APB2Periph_AFIO, ENABLE);

　　RCC_APB2PeriphClockCmd(RCC_APB2Periph_GPIOB | RCC_APB2Periph_GPIOA, ENABLE);

　　RCC_APB2PeriphClockCmd(RCC_APB2Periph_TIM1, ENABLE);

}

　　前面的程序设置有几个细节需注意：①由于锁相环（PLL）时钟设置为 64MHz，选择 SYSCLK 时钟源为 PLL，并且 HCLK（AHB）时钟源为 SYSCLK 1 分频，因此选择 PCLK1 时钟源为 HCLK（AHB）2 分频，因为它最大频率为 36MHz。②STM32 手册中有这样描述：定时器时钟频率是其所在 APB 总线频率的 2 倍。然而，如果相应的 APB 预分频系数是 1，定时器的时钟频率与所在 APB 总线频率一致。也就是说，前面程序中 PCLK1 时钟源和 PCLK2 时钟源选择 HCLK（AHB）2 分频和 1 分频，也即 APB1 和 APB2 的预分频系数是 2 和 1，PCLK1 和 PCLK2 的时钟为 32MHz 和 64MHz，但定时器 1 是其所在 APB 总线频率（PCLK1）的 2 倍，而定时器 2、定时器 3、定时器 4 与所在 APB 总线频率一致，定时器 1 和定时器 2、定时器3、定时器4的频率一样为64MHz。

2.1.3 STM32 的中断系统

中断（Interrupt）是硬件和软件驱动事件，它使得CPU暂停当前的主程序，并转而去执行一个中断服务程序。以办公时突然有人敲门为例来阐述一下中断的概念，通过这个例子大家也可以体会一下CPU执行中断时的一些流程的原理。假如您正在办公桌前专心致志的办公，突然门响了（很显然，有人敲门，必须开门，相比手中的活而言，敲门事件相当于产生了一个中断请求，因为某种需要不得不请求您打断手中正在做的事情），您开了门进行交谈（您响应了中断请求，相当于CPU响应了一个中断，停下了正在执行的主程序，并转向执行中断服务程序）。谈话完了，您关上门，又接着刚才停下来的地方开始办公了（中断服务子程序执行完成之后，CPU又回到了刚才停下来的地方开始执行）。

1. STM32 中断基本理解

ARM Cortex_M3 内核支持256个中断（16个内核和240个外部）和256级可编程中断优先级的设置。然而，STM32并没有全部使用M3内核提供的设置，STM32目前支持的中断为84个，16个内核加上68个外部以及16级可编程中断优先级的设置。由于STM32只能管理16级中断优先级，所以只是使用到中断优先级寄存器的高4位。

有两种优先级：抢占式优先级，库函数设置为NVIC_InitStructure. NVIC_IRQChannelPreemptionPriority = x（x 为 0~15）；响应优先级，库函数设置为NVIC_InitStructure. NVIC_IRQChannelSubPriority = x（x 为0~15）。

当两个中断相遇时，谁先执行呢？先比较抢占式优先级，谁的抢占式优先级编号小就可以先执行，编号大的等着；如果抢占式优先级相同才去比较响应优先级，同理，优先级号谁小，谁先执行。

2. 嵌套向量中断控制器 NVIC

STM32的中断还是相当多的，那么需要专门的一个寄存器来管理它们，于是NVIC出现了。NVIC分为5个优先级组，分别以NVIC_PriorityGroup_0~NVIC_PriorityGroup_4来表示：

NVIC_PriorityGroup_0 =>选择第0组

NVIC_PriorityGroup_1 =>选择第1组

NVIC_PriorityGroup_2 =>选择第2组

NVIC_PriorityGroup_3 =>选择第3组

NVIC_PriorityGroup_4 =>选择第4组

组别0：所有4位用于响应优先级；组别1：最高1位用于抢占式优先级，低3位用于响应优先级；组别2：最高2位用于抢占式优先级，低2位用于响应优先级；组别3：最高3位用于抢占式优先级，低1位用于响应优先级；组别4：最高4位用于抢占式优先级，无响应优先级。理解：假如选择了第3组，那么抢占式优先级就有000~111这8种选择，在程序当中可以给不同的中断不同的抢占式优先级，号码是从0~7；而响应优先级只有1位，所以即使要设置3、4个甚至最多的16个中断，在响应优先级这一项只能赋予0或1。所以，抢占式8种×响应2种=16种优先级，这与上文所述的"STM32只能管理16级中断优先级"是相符的。

3. 嵌套中断应用举例

void NVIC_Configuration(void)

```
    {
    NVIC_InitTypeDef NVIC_InitStructure;
        //选择优先级分组第 1 组,抢占式 2 种,响应 8 种
    NVIC_PriorityGroupConfig( NVIC_PriorityGroup_1 );

    NVIC_InitStructure. NVIC_IRQChannel = EXTI9_5_IRQn  ;
    NVIC_InitStructure. NVIC_IRQChannelPreemptionPriority = 0;
    NVIC_InitStructure. NVIC_IRQChannelSubPriority = 0;
    NVIC_InitStructure. NVIC_IRQChannelCmd = ENABLE;
    NVIC_Init( &NVIC_InitStructure );

    NVIC_InitStructure. NVIC_IRQChannel = EXT0_IRQn  ;
    NVIC_InitStructure. NVIC_IRQChannelPreemptionPriority = 0;
    NVIC_InitStructure. NVIC_IRQChannelSubPriority = 1;
    NVIC_InitStructure. NVIC_IRQChannelCmd = ENABLE;
    NVIC_Init( &NVIC_InitStructure );

    NVIC_InitStructure. NVIC_IRQChannel = TIM2_IRQn;
    NVIC_InitStructure. NVIC_IRQChannelPreemptionPriority = 1;
    NVIC_InitStructure. NVIC_IRQChannelSubPriority = 1;
    NVIC_InitStructure. NVIC_IRQChannelCmd = ENABLE;
    NVIC_Init( &NVIC_InitStructure );

    NVIC_InitStructure. NVIC_IRQChannel = TIM3_IRQn;
    NVIC_InitStructure. NVIC_IRQChannelPreemptionPriority = 1;
    NVIC_InitStructure. NVIC_IRQChannelSubPriority = 2;
    NVIC_InitStructure. NVIC_IRQChannelCmd = ENABLE;
    NVIC_Init( &NVIC_InitStructure );

    NVIC_InitStructure. NVIC_IRQChannel = TIM4_IRQn;
    NVIC_InitStructure. NVIC_IRQChannelPreemptionPriority = 1;
    NVIC_InitStructure. NVIC_IRQChannelSubPriority = 3;
    NVIC_InitStructure. NVIC_IRQChannelCmd = ENABLE;

    NVIC_Init( &NVIC_InitStructure );
    }
```

上述程序有 5 个中断,2 个外部,3 个定时器,那么优先级由高到低应该是外部中断 9_5(外部中断 5~9 共用一个中断处理函数,10~15 也共用一个中断处理函数)、外部中断 0、定时器 2、定时器 3、定时器 4。其中外部中断可以随时打断定时器中断,定时器则

不行。

4. 程序中断处理过程

在 STM32f10x_vector.c 文件中定义中断向量表，代码如下：

```
const intvec_elem __vector_table[ ] =
{
    { .__ptr = __sfe( "CSTACK" ) },
    __iar_program_start,
    NMIException,
    HardFaultException,
    MemManageException,
    BusFaultException,
    UsageFaultException,
    0, 0, 0, 0,
    SVCHandler,
    DebugMonitor,
    0,
    PendSVC,
    SysTickHandler,
    WWDG_IRQHandler,
    PVD_IRQHandler,
    TAMPER_IRQHandler,
    RTC_IRQHandler,
    FLASH_IRQHandler,
    RCC_IRQHandler,
    EXTI0_IRQHandler,
    EXTI1_IRQHandler,
    EXTI2_IRQHandler,
    EXTI3_IRQHandler,
    EXTI4_IRQHandler,
    DMA1_Channel1_IRQHandler,
    DMA1_Channel2_IRQHandler,
    DMA1_Channel3_IRQHandler,
    DMA1_Channel4_IRQHandler,
    DMA1_Channel5_IRQHandler,
    DMA1_Channel6_IRQHandler,
    DMA1_Channel7_IRQHandler,
    ADC1_2_IRQHandler,
    USB_HP_CAN_TX_IRQHandler,
    USB_LP_CAN_RX0_IRQHandler,
```

```
        CAN_RX1_IRQHandler,
        CAN_SCE_IRQHandler,
        EXTI9_5_IRQHandler,
        TIM1_BRK_IRQHandler,
        TIM1_UP_IRQHandler,
        TIM1_TRG_COM_IRQHandler,
        TIM1_CC_IRQHandler,
        TIM2_IRQHandler,
        TIM3_IRQHandler,
        TIM4_IRQHandler,
        I2C1_EV_IRQHandler,
        I2C1_ER_IRQHandler,
        I2C2_EV_IRQHandler,
        I2C2_ER_IRQHandler,
        SPI1_IRQHandler,
        SPI2_IRQHandler,
        USART1_IRQHandler,
        USART2_IRQHandler,
        USART3_IRQHandler,
        EXTI15_10_IRQHandler,
        RTCAlarm_IRQHandler,
        USBWakeUp_IRQHandler,
        TIM8_BRK_IRQHandler,
        TIM8_UP_IRQHandler,
        TIM8_TRG_COM_IRQHandler,
        TIM8_CC_IRQHandler,
        ADC3_IRQHandler,
        FSMC_IRQHandler,
        SDIO_IRQHandler,
        TIM5_IRQHandler,
        SPI3_IRQHandler,
        UART4_IRQHandler,
        UART5_IRQHandler,
        TIM6_IRQHandler,
        TIM7_IRQHandler,
        DMA2_Channel1_IRQHandler,
        DMA2_Channel2_IRQHandler,
        DMA2_Channel3_IRQHandler,
        DMA2_Channel4_5_IRQHandler,
```

}；

在中断向量表中存放发生中断跳转的地址，以 TIM1 中断为例，在初始化 TIM1 中设置了允许刹车中断、允许触发中断、允许捕获/比较中断、允许更新中断，并在 NVIC_Configuration 开启相应中断，则在条件满足时进入 TIM1_BRK_IRQHandler、TIM1_TRG_COM_IRQHandler、TIM1_CC_IRQHandler、TIM1_UP_IRQHandler。

2.1.4　STM32 的定时器

STM32 的定时器功能十分强大，有 TIME1 和 TIME8 高级定时器，也有 TIME2~TIME5 通用定时器，还有 TIME6 和 TIME7 基本定时器以及 2 个看门狗定时器和 1 个系统嘀嗒定时器。芯片的型号不一样，定时器的个数不同。图 2-4 是 STM32 的通用定时器框图，其与高级定时器的差别在于没有互补输出功能，主要有三部分，一部分是时钟源，其他两部分则是输入与捕获、输出与比较。对通用定时器框图说明如下。

TI1、TI2、TI3、TI4：这 4 个信号就是外部信号，是直接与引脚相连的信号。图 2-4 中还有一个问题就是 TI1 可以第一通道的外部信号进行触发，也可以设置为第一通道、第二通道、第三通道异或进行触发。外部信号送往滤波器和边沿检测器。

触发有效信号 TIxFP：TI1FP1、TI1FP2、TI2FP1、TI2FP2、TI3FP3、TI3FP4、TI4FP3、TI4FP4。由于与引脚直连的信号可以设置为高低边沿触发，所以通过设置后，TIxFP 就是对应这个信号是否有效的标志。

映射信号 IC1、IC2、IC3、IC4：通道有效信号。在它的前面是 TIxFP 和 TRC 信号，可以看出，TI1FP 与 TI2FP 可以互相对应 IC1 和 IC2，TI3FP 与 TI4FP 可以互相对应 IC3 和 IC4，这样就可以使一个 TIxFP 信号对应两个 ICx，也就是对应两个通道。这样的话，就可以实现 PWM 输入了，可以由一个来计算周期，另一个来计算占空比。ICx 信号被送入预分频器。

通道中断和 DMA 输出信号 CC1I、CC2I、CC3I、CC4I：ICx 信号经过预分频器后即可通过配置产生中断或 DMA 输出。

预分频计数信号 IC1PS、IC2PS、IC3PS、IC4PS：ICx 信号经过预分频器后即可进入 CCRx 计数寄存器，此时可配合中断对 CCR 读取。

输出有效信号 OC1REF、OC2REF、OC3REF、OC4REF：当比较输出或 PWM 输出时第一个输出的信号。这个信号经过配置高低电平，才能变成输出到引脚的有效电平。

比较输出 PWM 输出电平 OC1、OC2、OC3、OC4：输出到引脚的信号。

更新事件信号 u：由软件事件寄存器或计数器溢出产生。

事件更新中断 UI：事件更新中断信号。

外部触发脚信号 ETR：与外部引脚相连的触发定时器专用触发脚。

边沿预分频后 ETR 信号 ETRP：ETR 经过极性选择、边沿检测和预分频后的信号。

经过滤波后的 ETRP 有效信号 ETRF：ETRP 经过滤波后的有效信号。

内部触发通道信号 ITR0、ITR1、ITR2、ITR3：触发可由内部其他定时器产生信号，且定时器 1 和定时器 8 的定时器触发不同。

触发信号 ITR：ITRx 经过设置，产生触发信号，进入下一个环节。

TI1 的边沿检测器 TI1F_ED：TI1 的边沿检测信号，在霍尔传感器模式下，会检测 TI1

的变化，输入是 TI1F_ED。每当 3 个输入之一变化时，计数器重新从 0 开始计数。这样产生一个由霍尔输入端的任何变化而触发的时间基准。

TRC：通过选择器选择 TI1 边沿与内部触发后，发出的触发信号。

TRGI：最终的触发输入。

TGI：触发输入中断位。

TRGO：触发输出，作为主模式去发出控制其他定时器的触发信号，应该与其他定时器的 ITRx 相连。

高级控制定时器（TIM1）在实现三相交流电动机控制中起到关键作用，它与通用定时器的差别在于它是插入死区时间的互补 PWM，后面会详细说明。

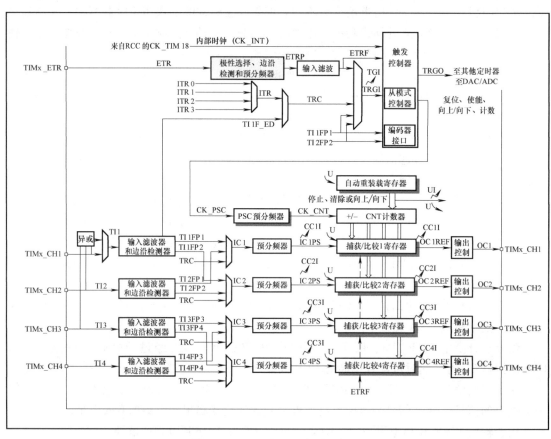

图 2-4　STM32 的通用定时器框图

2.1.5　STM32 的 A-D 转换器

1. 介绍

12 位 ADC 是一种逐次逼近型 A-D 转换器。它有 18 个通道，可测量 16 个外部和 2 个内部信号源。各通道的 A-D 转换可以单次、连续、扫描或间断模式执行。ADC 的结果可以左对齐或右对齐方式存储在 16 位数据寄存器中。

2. 主要特征

1）12 位分辨率。

2）转换结束、注入转换结束和发生模拟看门狗事件时产生中断。

3）单次和连续转换模式。

4）从通道0到通道n的自动扫描模式。

5）自校准。

6）带内嵌数据一致的数据对齐。

7）通道之间采样间隔可编程。

8）规则转换和注入转换均有外部触发选项。

9）间断模式。

10）双重模式（带2个ADC的器件）。

11）ADC转换时间：

① STM32F103xx增强型产品：ADC时钟为56MHz时，转换时间为1μs（ADC时钟为72MHz时，转换时间为1.17μs）。

② STM32F101xx基本型产品：ADC时钟为28MHz时，转换时间为1μs（ADC时钟为36MHz时，转换时间为1.55μs）。

12）ADC供电要求：2.4~3.6V

13）ADC输入范围：$V_{REF-} \leqslant V_{IN} \leqslant V_{REF+}$。

14）规则通道转换期间有DMA请求产生。

15）有16个多路通道。可以把转换分成两组：规则的和注入的。在任意多个通道上以任意顺序进行的一系列转换构成成组转换。例如，可以按通道3、通道8、通道2、通道2、通道0、通道2、通道2、通道15的顺序完成转换。

① 规则组由多达16个转换组成。规则通道和它们的转换顺序在ADC_SQRx寄存器中选择。规则组中转换的总数写入ADC_SQR1寄存器的L[3：0]位中。

② 注入组由多达4个转换组成。注入通道和它们的转换顺序在ADC_JSQR寄存器中选择。注入组中转换的总数必须写入ADC_JSQR寄存器的L[1：0]位中。

转换可以由外部事件触发，如图2-5所示。如果设置EXTTRIG控制位，则外部事件就能够触发转换。EXTSEL［2：0］和JEXTSEL［2：0］控制位允许应用程序选择8个可能的事件中的某一个触发规则和注入组的采样。

用于规则通道的外部触发

触发源	类型	EXTSEL[2:0]
定时器1的CC1输出		000
定时器1的CC2输出		001
定时器1的CC3输出	片上定时器的内部信号	010
定时器2的CC2输出		011
定时器3的TRGO输出		100
定时器4的CC4输出		101
EXTI线11	外部引脚	110
SWSTART	软件控制位	111

用于注入通道的外部触发

触发源	连接类型	JEXTSEL[2:0]
定时器1的TRGO输出		000
定时器1的CC4输出		001
定时器2的TRGO输出	片上定时器的内部信号	010
定时器2的CC1输出		011
定时器3的CC4输出		100
定时器4的TRGO输出		101
EXTI线15	外部引脚	110
JSWSTART	软件控制位	111

软件源触发事件可以通过设置一个寄存器位产生(ADC_CR2的SWSTART和JSWSTART)

图2-5 外部事件触发源

3. DMA 请求

因为规则通道转换的值存储在一个唯一的数据寄存器中, 所以当转换多个规则通道时需要使用 DMA, 这样可以避免丢失已经存储在 ADC_DR 寄存器中的数据。只有在规则通道的转换结束时才产生 DMA 请求, 并将转换的数据从 ADC_DR 寄存器传输到用户指定的目的地址。

4. 应用程序实例

```
void ADC_Configuration( void)
{

    / * DMA1 channel1 configuration --------------------------------------------- * /
    DMA_InitTypeDef DMA_InitStructure;
    DMA_DeInit( DMA1_Channel1);
    DMA_InitStructure. DMA_PeripheralBaseAddr = ADC1_DR_Address;
    DMA_InitStructure. DMA_MemoryBaseAddr = ( u32) ADCConvertedValue;
    DMA_InitStructure. DMA_DIR = DMA_DIR_PeripheralSRC;
    DMA_InitStructure. DMA_BufferSize = 3;
    DMA_InitStructure. DMA_PeripheralInc = DMA_PeripheralInc_Disable;
    DMA_InitStructure. DMA_MemoryInc = DMA_MemoryInc_Enable;
    DMA_InitStructure. DMA_PeripheralDataSize = DMA_PeripheralDataSize_Word;
    DMA_InitStructure. DMA_MemoryDataSize = DMA_MemoryDataSize_Word;
    DMA_InitStructure. DMA_Mode = DMA_Mode_Circular;
    DMA_InitStructure. DMA_Priority = DMA_Priority_High;
    DMA_InitStructure. DMA_M2M = DMA_M2M_Disable;
    DMA_Init( DMA1_Channel1, &DMA_InitStructure);
    DMA_Cmd( DMA1_Channel1, ENABLE);
    / * 定义 ADC 初始化结构体 ADC_InitStructure * /
    ADC_InitTypeDef ADC_InitStructure;
    / *
    * 独立工作模式;
    * 多通道扫描模式;
    * 连续模数转换模式;
    * 转换触发方式:转换由软件触发启动;
    * ADC 数据右对齐;
    * 进行规则转换的 ADC 通道的数目为 3
    * /
    ADC_InitStructure. ADC_Mode = ADC_Mode_Independent;
    ADC_InitStructure. ADC_ScanConvMode = ENABLE;
    ADC_InitStructure. ADC_ContinuousConvMode = ENABLE;
    ADC_InitStructure. ADC_ExternalTrigConv = ADC_ExternalTrigConv_None;//转化由软
```

件触发

```
        ADC_InitStructure. ADC_DataAlign = ADC_DataAlign_Right;
        ADC_InitStructure. ADC_NbrOfChannel = 3;
        ADC_Init(ADC1, &ADC_InitStructure);
        /* 配置 ADC 时钟,为 PCLK2 的 8 分频,即 8MHz */
        RCC_ADCCLKConfig(RCC_PCLK2_Div8);
        /* 设置 ADC1 使用 8 转换通道,采样时间为 41.5 周期 */
        ADC_RegularChannelConfig(ADC1, ADC_Channel_4, 1, ADC_SampleTime_
41Cycles5);//TS
        ADC_RegularChannelConfig(ADC1, ADC_Channel_5, 2, ADC_SampleTime_
41Cycles5);//V
        ADC_RegularChannelConfig(ADC1, ADC_Channel_8, 3, ADC_SampleTime_
41Cycles5);//I
        ADC_DMACmd(ADC1, ENABLE);
        /* 使能 ADC1 */
        ADC_Cmd(ADC1, ENABLE);
        /* 复位 ADC1 的校准寄存器 */
        ADC_ResetCalibration(ADC1);
        /* 等待 ADC1 校准寄存器复位完成 */
        while(ADC_GetResetCalibrationStatus(ADC1));
        /* 开始 ADC1 校准 */
        ADC_StartCalibration(ADC1);
        /* 等待 ADC1 校准完成 */
        while(ADC_GetCalibrationStatus(ADC1));
        /* 启动 ADC1 转换 */
        ADC_SoftwareStartConvCmd(ADC1, ENABLE);
}
```

程序应用于无刷直流电动机控制中,有 3 个模拟量需转换,其中 TS 为电位器给定(代表速度给定),与 PA4（ADC_Channel_4）连接;V 即 VSAMP 是检测直流侧电压,判断是否欠电压或过电压,与 PA5（ADC_Channel_5）连接;I 即 CMPDEC 是检测直流侧电流,组成电流闭环,实现电流反馈,与 PB0（ADC_Channel_8）连接。

针对 DMA 部分解释如下:

DMA_DeInit（DMA1_Channel1）:给 DMA 配置通道。根据芯片提供的资料,STM3210Fx 中 DMA 包含 7 个通道（CH1~CH7）,也就是说可以为外设或内存提供 7 座"桥梁"。

DMA_InitStructure. DMA_PeripheralBaseAddr = ADC1_DR_Address:DMA_InitStructure 是一个 DMA 结构体,在库中有声明了,当然使用时就要先定义了;DMA_PeripheralBaseAddr 是该结构体中一个数据成员,给 DMA 一个起始地址,现在是 ADC1 的外设地址。

DMA_InitStructure. DMA_MemoryBaseAddr =（u32）ADC_ConvertedValue:DMA 要连接在内存中变量的地址。ADC_ConvertedValue 是在内存中定义的一个地址。

DMA_InitStructure. DMA_DIR = DMA_DIR_PeripheralSRC：设置 DMA 的传输方向。DMA 可以双向传输，也可以单向传输。这里设置的是单向传输，如果需要双向传输，把 DMA_ DIR_PeripheralSRC 改成 DMA_DIR_PeripheralDST 即可。

DMA_InitStructure. DMA_BufferSize = 3：设置 DMA 在传输时缓冲区的长度。前面定义过 buffer 的起始地址。ADC1_DR_Address。为了安全性和可靠性，一般需要给 buffer 定义一个存储片区，这个参数的单位有 3 种类型：Byte、HalfWord、Word，现设置的是 Word（见下面的设置）。32 位的 MCU 中 1 个 HalfWord 占 16bit。

DMA_InitStructure. DMA_PeripheralInc = DMA_PeripheralInc_Disable：设置 DMA 的外设递增模式。如果 DMA 选用的通道（CHx）有多个外设连接，需要使用外设递增模式 DMA_ PeripheralInc_Enable。现 DMA 只与 ADC1 建立了联系，所以选用 DMA_PeripheralInc_Disable。

DMA_InitStructure. DMA_MemoryInc = DMA_MemoryInc_Enable：设置 DMA 的内存递增模式。DMA 访问多个内存参数时，需要使用 DMA_MemoryInc_Enable；当 DMA 只访问一个内存参数时，可设置成 DMA_MemoryInc_Disable。

DMA_InitStructure. DMA_PeripheralDataSize = DMA_PeripheralDataSize_Word：设置 DMA 在访问时每次操作的外设数据长度。

DMA_InitStructure. DMA_MemoryDataSize = DMA_MemoryDataSize_Word：设置 DMA 在访问时每次操作的内存数据长度。

DMA_InitStructure. DMA_Mode = DMA_Mode_Circular：设置 DMA 的传输模式为连续不断的循环模式。若只想访问一次后就不要访问了（或按指令操作来反问，也就是想要它访问的时候就访问，不要它访问的时候就停止），可以设置成通用模式 DMA_Mode_Normal。

DMA_InitStructure. DMA_Priority = DMA_Priority_High：设置 DMA 的优先级别，可以分为 4 级，即 VeryHigh、High、Medium、Low。

DMA_InitStructure. DMA_M2M = DMA_M2M_Disable：设置 DMA 关闭内存到内存的传输。

DMA_Init（DMA1_Channel1，&DMA_InitStructure）：对 DMA 结构体成员的设置。在此统一对 DMA 整个模块做一次初始化，使得 DMA 各成员与上面的参数一致。

DMA_Cmd（DMA1_Channel1，ENABLE）：使能 DMA 通道。

针对 ADC 部分解释如下：

程序中 ADC 设置了独立工作模式、多通道扫描模式、连续模数转换模式、转换触发方式是由软件触发启动、ADC 数据右对齐、进行规则转换的 ADC 通道的数目为 3。由于 ADC 转换的数目为 3，因此为了数据不会丢失，采用 DMA 数据传输，ADCConvertedValue［0］存储的是速度给定，ADCConvertedValue［1］存储的是直流侧电压值，ADCConvertedValue ［2］存储的是电流值。

2.1.6 STM32 应用举例

由于伺服控制系统中关键是对 STM32 的定时器应用，通过对通用定时器的了解为后面高级定时器的掌握打好基础，例程实现的是通过 TIM2 的定时功能，使得 LED 灯按照 1s 的时间间隔来闪烁。

1. 时钟来源

定时器时钟可以由下列时钟源提供：

1）内部时钟（CK_INT）。

2）外部时钟模式 1：外部输入引脚（TIx）。

3）外部时钟模式 2：外部触发输入（ETR）。

4）内部触发输入（ITRx）：使用一个定时器作为另一个定时器的预分频器，如可以配置一个定时器 Timer1 作为另一个定时器 Timer2 的预分频器。

本例程采用内部时钟。TIM2 ~ TIM5 的时钟不是直接来自于 APB1，而是来自于输入为 APB1 的一个倍频器。这个倍频器的作用：当 APB1 的预分频系数为 1 时，这个倍频器不起作用，定时器的时钟频率等于 APB1 的频率；当 APB1 的预分频系数为其他数值（预分频系数为 2、4、8 或 16）时，这个倍频器起作用，定时器的时钟频率等于 APB1 频率的 2 倍。通过倍频器给定时器时钟的好处：APB1 不但要给 TIM2 ~ TIM5 提供时钟，还要为其他的外设提供时钟，设置这个倍频器可以保证在其他外设使用较低时钟频率时，TIM2 ~ TIM5 仍然可以得到较高的时钟频率。

2. 计数器模式

TIM2 ~ TIM5 可以有向上计数、向下计数、向上/向下双向计数。向上计数模式中，计数器从 0 计数到自动加载值（TIMx_ARR 寄存器的值），然后重新从 0 开始计数并且产生一个计数器溢出事件。在向下模式中，计数器从自动装入的值（TIMx_ARR）开始向下计数到 0，然后从自动装入的值重新开始，并产生一个计数器向下溢出事件。而中央对齐模式（向上/向下双向计数）是计数器从 0 开始计数到自动装入的值-1，产生一个计数器溢出事件，然后向下计数到 1 并且产生一个计数器溢出事件，接着再从 0 开始重新计数。

3. 编程步骤

1）配置系统时钟。

2）配置 NVIC。

3）配置 GPIO。

4）配置 TIMER。

其中，前 2 项在前面已经给出，在此就不再赘述了，第 3）项较简单，关键第 4 项。第 4）项配置 TIMER 的步骤：①利用 TIM_DeInit（）函数将 Timer 设置为默认值；②TIM_InternalClockConfig（）选择 TIMx 来设置内部时钟源；③TIM_Perscaler 来设置预分频系数；④TIM_ClockDivision 来设置时钟分割；⑤TIM_CounterMode 来设置计数器模式；⑥TIM_Period 来设置自动装入的值；⑦TIM_ARRPerloadConfig（）来设置是否使用预装载缓冲器；⑧TIM_ITConfig（）来开启 TIMx 的中断。

其中步骤③ ~ ⑥中的参数由 TIM_TimerBaseInitTypeDef 结构体给出。步骤③中的预分频系数用来确定 TIMx 所使用的时钟频率，具体计算方法为 CK_INT/（TIM_Perscaler+1）。其中，CK_INT 是内部时钟源的频率，是 APB1 的倍频器送出的时钟；TIM_Perscaler 是用户设定的预分频系数，其值范围是 0 ~ 65535。

步骤④中的时钟分割定义的是在定时器时钟频率（CK_INT）与数字滤波器（ETR、TIx）使用的采样频率之间的分频比例。

步骤⑦中需要禁止使用预装载缓冲器。当预装载缓冲器被禁止时，写入自动装入的值

（TIMx_ARR）会直接传送到对应的影子寄存器；如果使能预装载缓冲器，则写入 ARR 的数值在更新事件时，才会从预装载缓冲器传送到对应的影子寄存器。

TIM2 的频率是 72MHz，程序中采取了 36000 的分频值，分频后的结果就是，定时器速度为 2kHz，计数器为向上计数，2000 溢出，所以溢出时间为 2000/2kHz=1s。

4. 程序源代码

```
#include "STM32f10x_lib. h"
void RCC_cfg( ) ;
void TIMER_cfg( ) ;
void NVIC_cfg( ) ;
void GPIO_cfg( ) ;

int main( )
{
        RCC_cfg( ) ;
        NVIC_cfg( ) ;
        GPIO_cfg( ) ;
        TIMER_cfg( ) ;

        //开启定时器 2
        TIM_Cmd( TIM2,ENABLE) ;

        while( 1) ;
}
void RCC_cfg( )
{

        //定义错误状态变量
        ErrorStatus HSEStartUpStatus;

        //将 RCC 寄存器重新设置为默认值
        RCC_DeInit( ) ;
        //打开外部高速时钟晶振
        RCC_HSEConfig( RCC_HSE_ON) ;
        //等待外部高速时钟晶振工作
        HSEStartUpStatus = RCC_WaitForHSEStartUp( ) ;
        if( HSEStartUpStatus = = SUCCESS)
        {
            //设置 AHB 时钟（HCLK）为系统时钟
            RCC_HCLKConfig( RCC_SYSCLK_Div1) ;
```

```
        //设置高速 AHB 时钟(APB2)为 HCLK 时钟
        RCC_PCLK2Config(RCC_HCLK_Div1);
        //设置低速 AHB 时钟(APB1)为 HCLK 的 2 分频
        RCC_PCLK1Config(RCC_HCLK_Div2);
        //设置 Flash 代码延时
        FLASH_SetLatency(FLASH_Latency_2);
        //使能预取指缓存
        FLASH_PrefetchBufferCmd(FLASH_PrefetchBuffer_Enable);
        //设置 PLL 时钟,为 HSE 的 9 倍频 8MHz×9 = 72MHz
        RCC_PLLConfig(RCC_PLLSource_HSE_Div1, RCC_PLLMul_9);
        //使能 PLL
        RCC_PLLCmd(ENABLE);
        //等待 PLL 准备就绪
        while(RCC_GetFlagStatus(RCC_FLAG_PLLRDY) = = RESET);
        //设置 PLL 为系统时钟源
        RCC_SYSCLKConfig(RCC_SYSCLKSource_PLLCLK);
        //判断 PLL 是否是系统时钟
        while(RCC_GetSYSCLKSource() ! = 0x08);
    }
    //允许 TIM2 的时钟
    RCC_APB1PeriphClockCmd(RCC_APB1Periph_TIM2,ENABLE);
    //允许 GPIO 的时钟
    RCC_APB2PeriphClockCmd(RCC_APB2Periph_GPIOB,ENABLE);
}
void TIMER_cfg()
{
        TIM_TimeBaseInitTypeDef TIM_TimeBaseStructure;
        //重新将 Timer 设置为默认值
        TIM_DeInit(TIM2);
        //采用内部时钟给 TIM2 提供时钟源
        TIM_InternalClockConfig(TIM2);
        //预分频系数为 36000-1,这样计数器时钟为 72MHz/36000 = 2kHz
        TIM_TimeBaseStructure. TIM_Prescaler = 36000 - 1;
        //设置时钟分割
        TIM_TimeBaseStructure. TIM_ClockDivision = TIM_CKD_DIV1;
        //设置计数器模式为向上计数模式
        TIM_TimeBaseStructure. TIM_CounterMode = TIM_CounterMode_Up;
        //设置计数溢出大小,每计 2000 个数就产生一个更新事件
        TIM_TimeBaseStructure. TIM_Period = 2000 - 1;
```

```
        //将配置应用到 TIM2 中
        TIM_TimeBaseInit(TIM2,&TIM_TimeBaseStructure);
        //清除溢出中断标志
        TIM_ClearFlag(TIM2, TIM_FLAG_Update);
        //禁止 ARR 预装载缓冲器
        TIM_ARRPreloadConfig(TIM2, DISABLE);
        //开启 TIM2 的中断
        TIM_ITConfig(TIM2,TIM_IT_Update,ENABLE);
}
void NVIC_cfg()
{

        NVIC_InitTypeDef NVIC_InitStructure;
        //选择中断分组 1
        NVIC_PriorityGroupConfig(NVIC_PriorityGroup_1);
        //选择 TIM2 的中断通道
        NVIC_InitStructure.NVIC_IRQChannel = TIM2_IRQChannel;
        //抢占式中断优先级设置为 0
        NVIC_InitStructure.NVIC_IRQChannelPreemptionPriority = 0;
        //响应式中断优先级设置为 0
        NVIC_InitStructure.NVIC_IRQChannelSubPriority = 0;
        //使能中断
        NVIC_InitStructure.NVIC_IRQChannelCmd = ENABLE;
        NVIC_Init(&NVIC_InitStructure);

}
void GPIO_cfg()
{

        GPIO_InitTypeDef GPIO_InitStructure;
        GPIO_InitStructure.GPIO_Pin = GPIO_Pin_5;                //选择引脚 5
        GPIO_InitStructure.GPIO_Speed = GPIO_Speed_50MHz;//输出频率最大 50MHz
        GPIO_InitStructure.GPIO_Mode = GPIO_Mode_Out_PP;//带上拉电阻输出
        GPIO_Init(GPIOB,&GPIO_InitStructure);

}
//在 STM32f10x_it.c 中,找到函数 TIM2_IRQHandler(),并向其中添加代码
void TIM2_IRQHandler(void)
{
        u8 ReadValue;
        //检测是否发生溢出更新事件
        if(TIM_GetITStatus(TIM2, TIM_IT_Update) != RESET)
        {
```

```
//清除 TIM2 的中断待处理位
TIM_ClearITPendingBit(TIM2，TIM_FLAG_Update);
//将 PB.5 引脚输出数值写入 ReadValue
ReadValue=GPIO_ReadOutputDataBit(GPIOB,GPIO_Pin_5);
if(ReadValue==0)
{
        GPIO_SetBits(GPIOB,GPIO_Pin_5);
}
else
{
        GPIO_ResetBits(GPIOB,GPIO_Pin_5);
}
}
}
```

2.2　交流伺服控制系统功率变换电路

交流伺服系统的主要功能是根据控制电路的指令，将电源单元提供的直流电流转变为伺服电动机电枢绕组中的三相交流电流，以产生所需要的电磁转矩。交流伺服系统主要包括功率变换主电路、控制电路、驱动电路等。

功率变换主电路主要由整流电路、滤波电路和逆变电路三部分组成，有的逆变电路的直流电源是由电池提供。为了保证逆变电路的功率开关器件能够安全、可靠地工作，对于高压、大功率的交流伺服系统，有时需要有压抑电压、电流尖峰的"缓冲电路"。另外，对于频繁运行于快速正反转状态的伺服系统，还需要有消耗多余再生能量的"制动电路"。

控制电路主要由运算电路、PWM 生成电路、检测信号处理电路、输入/输出电路、保护电路等构成，其主要作用是完成对功率变换主电路的控制和实现各种保护功能，在后面的章节会详细讲述。

驱动电路的作用是根据控制信号对功率半导体开关进行驱动，并为器件提供保护，主要包括开关器件的前级驱动电路和辅助开关电源电路等。

2.2.1　逆变电路

三相逆变电路由 6 个功率开关器件组成，如图 2-6 所示。它根据控制电路的指令，把直流功率变换为所需频率和电压的交流输出功率，是实现能量形式变换的执行环节，也是整个主电路的核心部分。现在逆变电路中常用的功率开关器件有绝缘栅双极型晶体管（IGBT）、大功率晶体管（GTR）以及大功率场效应晶体管（MOSFET）等。在逆变电路中，与每个功率开关反并联的续流二极管的主要功能是为无功电流返回直流电源提供通道。在逆变电路工作的过程中，同一桥臂的两个功率开关处于不停地交替导通和关断的状态，在交替导通和关断的换相过程中，需要续流二极管提供通路。

电力电子开关器件是逆变电路的重要基础，从 1958 年美国通用电气（GE）公司研制出

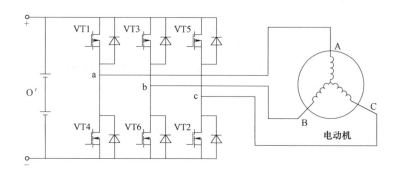

图 2-6 逆变电路

世界上第一个工业用普通晶闸管开始，电能的变换和控制从旋转的变流机组和静止的离子变流器进入由电力电子器件构成的变流器时代。到了 20 世纪 70 年代，晶闸管开始形成由低压小电流到高压大电流的系列产品。同时，非对称晶闸管、逆导晶闸管、双向晶闸管、光控晶闸管等晶闸管派生器件相继问世，广泛应用于各种变流装置。由于它们具有体积小、质量轻、功耗小、效率高、响应快等优点，其研制及应用得到了飞速发展。

由于普通晶闸管不能自关断，属于半控型器件，因而称作第一代电力电子器件。在实际需要的推动下，随着理论研究和工艺水平的不断提高，电力电子器件在容量和类型等方面得到了很大发展，先后出现了 GTR、GTO、功率 MOSET 等自关断、全控型器件，称为第二代电力电子器件。近年来，电力电子器件正朝着复合化、模块化及功率集成的方向发展，如 IGBT、MCT、HVIC 等就是这种发展的产物。下面介绍一些常用的电力电子器件。

整流二极管产生于 20 世纪 40 年代，是电力电子器件中结构最简单、使用最广泛的一种器件。目前已形成普通整流二极管、快恢复整流二极管和肖特基整流二极管三种主要类型。普通整流二极管的特点是漏电流小、通态压降较高（1.0~1.8V）、反向恢复时间较长（几十微秒）、可获得很高的电压和电流定额，多用于牵引、充电、电镀等对转换速度要求不高的装置中。较快的反向恢复时间（几百纳秒至几微秒）是快恢复整流二极管的显著特点，但是它的通态压降却很高（1.6~4.0V），主要用于斩波、逆变等电路中充当旁路二极管或阻塞二极管。肖特基整流二极管兼有快的反向恢复时间（几乎为零）和低的通态压降（0.3~0.6V）的优点，不过其漏电流较大、耐压能力低，常用于高频低压仪表和开关电源。目前的研制水平：普通整流二极管为 8000V/5000A/400Hz，快恢复整流二极管为 6000V/1200A/1000Hz，肖特基整流二极管为 1000V/100A/200kHz。电力整流二极管对改善各种电力电子电路的性能、降低电路损耗和提高电源使用效率等方面都具有非常重要的作用。随着各种高性能电力电子器件的出现，开发具有良好高频性能的电力整流二极管显得非常必要。目前，人们已通过新颖结构的设计和大规模集成电路制作工艺的运用，研制出集 PIN 整流二极管和肖特基整流二极管的优点于一体的具有 MPS、SPEED 和 SSD 等结构的新型高压快恢复整流二极管。它们的通态压降为 1V 左右，反向恢复时间为 PIN 整流二极管的 1/2，反向恢复峰值电流为 PIN 整流二极管的 1/3。

晶闸管诞生后，其结构的改进和工艺的改革为新器件的不断出现提供了条件。1964年，双向晶闸管在 GE 公司开发成功，应用于调光和电动机控制；1965 年，小功率光触发晶闸管出现，为其后出现的光耦合器打下了基础；20 世纪 60 年代后期，大功率逆变晶闸管问世，成为当时逆变电路的基本元件；1974 年，非对称晶闸管和逆导晶闸管研制完成。普通晶闸管广泛应用于交直流调速、调光、调温等低频（400Hz 以下）领域，运用由它所构成的电路对电网进行控制和变换是一种简便而经济的办法。不过，这种装置的运行会产生波形畸变和降低功率因数，影响电网的质量。目前普通晶闸管研制水平为 12kV/1kA 和 6500V/4000A。双向晶闸管可视为一对反并联的普通晶闸管的集成，常用于交流调压和调功电路中，正、负脉冲都可触发导通，因而其控制电路比较简单。双向晶闸管的缺点是换向能力差、触发灵敏度低、关断时间较长，其研制水平已超过 2000V/500A。光控晶闸管是通过光信号控制晶闸管触发导通的器件，具有很强的抗干扰能力、良好的高压绝缘性能和较高的瞬时过电压承受能力，因而应用于高压直流输电（HVDC）、静止无功功率补偿（SVC）等领域，其研制水平大约为 8000V/3600A。逆变晶闸管因具有较短的关断时间，主要用于中频感应加热。在逆变电路中，它已让位于 GTR、GTO、IGBT 等新器件。目前，逆变晶闸管最大容量介于 2500V/1600A/1kHz 和 800V/50A/20kHz 的范围之内。非对称晶闸管是一种正、反向电压耐量不对称的晶闸管。而逆导晶闸管不过是非对称晶闸管的一种特例，是将晶闸管反并联一个二极管制作在同一管芯上的功率集成器件。与普通晶闸管相比，它具有关断时间短、正向压降小、额定结温高、高温特性好等优点，主要用于逆变器和整流器中。目前，国内有厂家生产 3000V/900A 的非对称晶闸管。

1964 年，美国第一次试制成功了 500V/10A 的 GTO。在此后的近 10 年内，GTO 的容量一直停留在较小水平，只在汽车点火装置和电视机行扫描电路中进行试用。自 20 世纪 70 年代中期开始，GTO 的研制取得突破，相继问世了 1300V/600A、2500V/1000A、4500V/2400A 的产品。GTO 有对称、非对称和逆导三种类型。与对称 GTO 相比，非对称 GTO 通态压降小、抗浪涌电流能力强、易于提高耐压能力（3000V 以上）。逆导型 GTO 是在同一芯片上将 GTO 与整流二极管反并联制成的集成器件，不能承受反向电压，主要用于中等容量的牵引驱动中。在当前各种自关断器件中，GTO 容量最大、工作频率最低（1~2kHz）。GTO 是电流控制型器件，因而在关断时需要很大的反向驱动电流；GTO 通态压降大、dv/dt 及 di/dt 耐量低，需要庞大的吸收电路。目前，GTO 虽然在低于 2000V 的某些领域内已被 GTR 和 IGBT 等替代，但它在大功率电力牵引中有明显优势，今后，它也必将在高压领域占有一席之地。

GTR 是一种电流控制的双极双结电力电子器件，产生于 20 世纪 70 年代，其额定值已达 1800V/800A/2kHz、1400V/600A/5kHz、600V/3A/100kHz。它既具备晶体管的固有特性，又增大了功率容量，因此，由它所组成的电路灵活、成熟、开关损耗小、开关时间短，在电源、电动机控制、通用逆变器等中等容量、中等频率的电路中应用广泛。GTR 的缺点是驱动电流较大、耐浪涌电流能力差、易受二次击穿而损坏。在开关电源和 UPS 内，GTR 正逐步被功率 MOSFET 和 IGBT 所替代。

功率 MOSFET 是一种电压控制型单极晶体管，它是通过栅极电压来控制漏极电流的，因而它的一个显著特点是驱动电路简单、驱动功率小；仅由多数载流子导电，无少子存储效应，高频特性好，工作频率高达 100kHz 以上，为所有电力电子器件中频率之最，因而最适合应用于开关电源、高频感应加热等高频场合；没有二次击穿问题，安全工作区广，耐破坏性强。功率 MOSFET 的缺点是电流容量小、耐压低、通态压降大，不适宜运用于大功率装置。

IGBT 是由美国 GE 公司和 RCA 公司于 1983 年首先研制的，当时容量仅 500V/20A，且存在一些技术问题。经过几年改进，IGBT 于 1986 年开始正式生产并逐渐系列化。至 20 世纪 90 年代初，IGBT 已开发完成第二代产品。目前，第三代智能 IGBT 已经出现，科学家们正着手研究第四代沟槽栅结构的 IGBT。IGBT 可视为双极型大功率晶体管与功率场效应晶体管的复合，通过施加正向门极电压形成沟道，提供晶体管基极电流使 IGBT 导通；反之，若提供反向门极电压则可消除沟道，使 IGBT 因流过反向门极电流而关断。IGBT 集 GTR 通态压降小、载流密度大、耐压高和功率 MOSFET 驱动功率小、开关速度快、输入阻抗高、热稳定性好的优点于一身，因此备受人们青睐。它的研制成功为提高电力电子装置的性能，特别是为逆变器的小型化、高效化、低噪化提供了有利条件。比较而言，IGBT 的开关速度低于功率 MOSFET，却明显高于 GTR；IGBT 的通态压降同 GTR 相近，但比功率 MOSFET 低得多；IGBT 的电流、电压等级与 GTR 接近，而比功率 MOSFET 高。目前，其研制水平已达 4500V/1000A。由于 IGBT 具有上述特点，在中等功率容量（600W 以上）的 UPS、开关电源及交流电动机控制用 PWM 逆变器中，IGBT 已逐步替代 GTR 成为核心元件。另外，IR 公司已设计出开关频率高达 150kHz 的 WARP 系列 400～600V IGBT，其开关特性与功率 MOSFET 接近，而导通损耗却比功率 MOSFET 低得多。该系列 IGBT 有望在高频 150kHz 整流器中取代功率 MOSFET，并大大降低开关损耗。IGBT 的发展方向是提高耐压能力和开关频率、降低损耗以及开发具有集成保护功能的智能产品。

MCT 最早由美国 GE 公司研制，是由 MOSFET 与晶闸管复合而成的新型器件。每个 MCT 器件由成千上万的 MCT 元组成，而每个元又是由一个 PNPN 晶闸管、一个控制 MCT 导通的 MOSFET 和一个控制 MCT 关断的 MOSFET 组成的。MCT 工作于超擎住状态，是一个真正的 PNPN 器件，这正是其通态电阻远低于其他场效应器件的最主要原因。MCT 既具备功率 MOSFET 输入阻抗高、驱动功率小、开关速度快的特性，又兼有晶闸管高电压、大电流、低压降的优点。其芯片连续电流密度在各种器件中最高，通态压降不过是 IGBT 或 GTR 的 1/3，而开关速度则超过 GTR。此外，由于 MCT 中的 MOSFET 元能控制 MCT 芯片的全面积通断，故 MCT 具有很强的导通 di/dt 和阻断 dv/dt 能力，其值高达 2000A/s 和 2000V/s，其工作结温亦高达 150～200℃。已研制出阻断电压达 4000V 的 MCT，75A/1000V MCT 已应用于串联谐振变换器中。随着性能价格比的不断优化，MCT 将逐渐走入应用领域并有可能取代高压 GTO，与 IGBT 的竞争亦将在中功率领域展开。

PIC 是电力电子器件技术与微电子技术相结合的产物，是机电一体化的关键接口元件。将功率器件及其驱动电路、保护电路、接口电路等外围电路集成在一个或几个芯片上，就制成了 PIC。一般认为，PIC 的额定功率应大于 1W。功率集成电路还可以分为高压功率集成电路（HVIC）、智能功率集成电路（SPIC）和智能功率模块（IPM）。HVIC 是多个高压器件与低压模拟器件或逻辑电路在单片上的集成，由于它的功率器件是横向的，电流容量较小，而控制电路的电流密度较大，故常用于小型电动机驱动、平板显示驱动及长途电话通信电路等高电压、小电流场合。已有 110V/13A 和 550V/0.5A、80V/2A/200kHz 以及 500V/600mA 的 HVIC 分别用于上述装置。SPIC 是由一个或几个纵型结构的功率器件与控制和保护电路集成而成的，电流容量大而耐压能力差，适合作为电动机驱动、汽车功率开关及调压器等。IPM 除了集成功率器件和驱动电路以外，还集成了过电压、过电流、过热等故障监测电路，并可将监测信号传送至 CPU，以保证 IPM 自身在任何情况下不受损坏。当前，IPM 中的功率器件一般由 IGBT 充当。由于 IPM 体积小、可靠性高、使用方便，故深受用户喜爱。IPM 主要用于交流电动机控制、家用电器等，已有 400V/55kW/20kHz IPM 面市。自 1981 年美国试制出第一个 PIC 以来，PIC 技术获得了快速发展。今后，PIC 必将朝着高压化、智能化的方向更快发展并进入普遍实用阶段。

2.2.2 驱动电路

驱动电路将信息电子电路传来的信号按控制目标的要求，转换为加在电力电子器件控制端和公共端之间，可以使其开通或关断的信号，对半控型器件只需提供开通控制信号，对全控型器件则既要提供开通控制信号，又要提供关断控制信号。驱动电路在功率变换电路中电压较高时还要提供控制电路与主电路之间的电气隔离环节，一般采用光隔离或磁隔离，光隔离一般采用光耦合器，磁隔离的元件通常是脉冲变压器。驱动电路使电力电子器件工作在较理想的开关状态，缩短开关时间，减小开关损耗，对装置的运行效率、可靠性和安全性都有重要的意义。对器件或整个装置的一些保护措施也往往设在驱动电路中，或通过驱动电路实现。

目前逆变电路中采用的开关器件多为功率 MOSFET 和 IGBT，跟双极性晶体管相比，一般认为使 MOS 管导通不需要电流，只要 GS 电压高于一定的值就可以了。这个很容易做到，但是还需要速度并且在 MOS 管的结构中可以看到，在 GS、GD 之间存在寄生电容，而 MOS 管的驱动，实际上就是对电容的充放电。对电容的充电需要一个电流，因为对电容充电瞬间可以把电容看成短路，所以瞬间电流会比较大。另外，普遍用于高端驱动的 NMOS，导通时需要栅极电压大于源极电压。而高端驱动的 MOS 管源极电压与输出电压相同，所以栅极电压要比源极电压大阈值电压，这时就要专门的升压电路了，通常称为自举电路，需要电容实现，这个电容也叫自举电容。

图 2-7 和图 2-8 是采用不同开关器件的主电路。图 2-7 是无刷直流电动机驱动器，主电路的开关器件为分立元件，驱动电路也为分立元件。图 2-8 的主电路开关器件及驱动电路都封装在一起组成模块，称为 IPM 模块。

图 2-7　驱动和逆变主电路为分立元件的电动机驱动器　　图 2-8　采用智能功率模块（IPM）的主电路

2.2.3 带有死区的 PWM 波形

为防止主电路上下桥臂直通，需在 CPU 各个模块初始化时，设置高级定时器 TIM1 的死区时间。死区时间的设置要求是在保证同桥臂的开关管不会同时导通的前提下，死区时间尽可能小。所以需通过示波器观测上下桥臂之间的死区时间，以确保死区时间满足设计要求。图 2-9 为示波器观测到带死区时间的上下桥臂 MOS 管栅极的驱动波形。从图 2-9 中可以看出，下桥臂开关管开通以前，上桥臂已经完全关闭，即高级定时器 TIM1 所设置的死区时间满足要求。

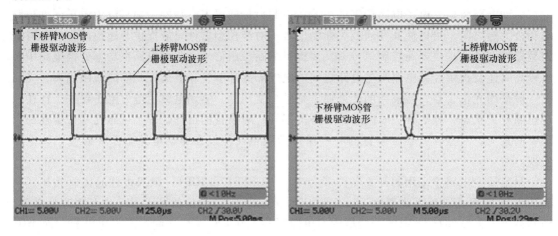

图 2-9 带死区时间的上下桥臂 MOS 管栅极的驱动波形

如驱动正常，还需观察驱动器各种实验波形，如相电流波形、端电压波形等，从而进一步判定程序和驱动器是否正常，以及控制方法是否正确合理。正常情况下，矢量控制方式下的相电流波形为正弦波，端电压波形为马鞍波。为更好地观测相电流波形，在相线中串联一个 ACS712 电流传感器，然后通过示波器进行观测，如图 2-10a 所示。端电压检测需加个阻容滤波电路进行观测，观测到的波形如图 2-10b 所示。从图 2-10 中可知，检测到的相电流为正弦波形，端电压为马鞍波。

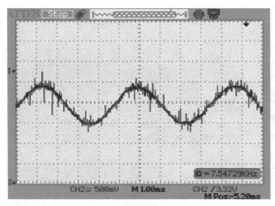

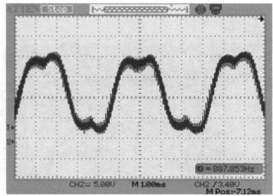

a) 相电流波形   b) 端电压波形

图 2-10 相电流与端电压波形

2.3　交流伺服电动机

交流伺服电动机主要有 3 种：永磁同步电动机、无刷直流电动机和感应电动机（也称为异步电动机）。永磁同步电动机、无刷直流电动机和感应电动机有差别，特别是在控制方法上完全不一样。

2.3.1　同步型交流伺服电动机

永磁同步电动机和无刷直流电动机属于同步型交流伺服电动机，同步型交流伺服电动机的励磁磁场由转子上的永磁体产生，通过控制三相电枢电流，使其合成电流矢量与励磁磁场正交而产生转矩。由于只需控制电枢电流就可以控制转矩，因此比感应型交流伺服电动机控制简单。而且利用永磁体产生励磁磁场，特别是数千瓦的小容量同步型交流伺服电动机比感应型效率更高。

因电动机转子磁钢的不同形状，其在空间产生的磁场分布也不一样。有的电动机转子上安装的磁钢采用可获得类似梯形波的气隙磁通密度的瓦状类型设计，定子电枢则采用集中式整距绕组，从而使得电动机的反电动势波形为梯形波，称此种类型的永磁电动机为无刷直流电动机（Brushless DC Motor，BLDCM）。有的转子磁钢采用面包形设计，可平行充磁，定子则采用三相分布式绕组，从而使得电动机产生的反电动势为正弦波，称此种电动机为永磁同步电动机（Permanent Magnet Synchronous Motor，PMSM）。

为控制无刷直流电动机稳定运行，需对其通以与反电动势同相位的梯形波控制电流。而产生梯形波的控制算法相对复杂，针对此种情况，可采用与反电动势同相位的方波电流控制方式，从而大大简化了控制难度。方波控制方式在由电流直接控制电动机输出转矩的前提下，功率开关器件的切换频率可大大降低，编程也较易实现，是一种效果不错且成本较低的控制方法。而实际采用方波控制电动机时，由于功率开关器件的切换频率低、通的是方波电流而非梯形波电流，电动机在换相期间将产生转矩与转速脉动，从而带来较大的噪声。

随着经济的高速发展，无刷直流电动机的方波控制方式所带来转矩和转速脉动，以及运行所带来的噪声，已无法满足消费者的需求。针对此种情况，开始研究能使电流与电动机反电动势同相位的控制方法。首先从永磁电动机的内部结构进行改进，使得改进后的永磁电动机的反电动势为正弦波。相对应的控制算法相继出现，使得永磁同步电动机具有转矩和转速脉动小、噪声小等特点。交流伺服电动机中最为普及的是同步型交流伺服电动机，而且应用最广泛。图 2-11 和图 2-12 分别为永磁同步电动机与驱动器和无刷直流电动机与驱动器，二者的差别是永磁同步电动机有光电编码器或其他位置检测装置，而无刷直流电动机只有霍尔传感器，当然是不考虑无位置传感器的情况。

2.3.2　感应型交流伺服电动机

近年来，随着电力电子技术、微处理器技术与磁场定向控制技术的快速发展，使感应电动机可以达到与他励直流电动机相同的转矩控制特性，再加上感应电动机本身价格低廉、结构坚固及维护简单，因此感应电动机逐渐在高精密速度及位置控制系统中得到越来越广泛的应用。

图 2-11　永磁同步电动机与驱动器

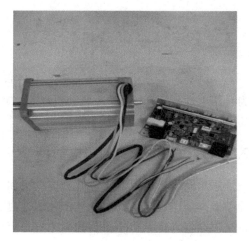

图 2-12　无刷直流电动机与驱动器

感应电动机的定子电流包含相当于直流电动机励磁电流与电枢电流两个成分，把这两个成分分解成正交矢量进行控制的新型控制理论——矢量控制理论出现以后，感应电动机作为伺服电动机才开始实用化。

感应型交流伺服电动机的转矩控制比同步型复杂，但是电动机本身具有很多优点，作为伺服电动机主要应用于较大容量的伺服系统中。

感应型交流伺服电动机在空载状态也需要励磁电流，这点与同步型不同。

2.3.3　两种交流伺服电动机的比较

1. 同步型交流伺服电动机

1）正弦波电流控制稍复杂，转矩波动小。

2）方波电流控制较为简单，转矩波动较大。

3）采用稀土永磁体励磁，功率密度高。

4）电子换向，不需维护，散热好，惯量小，峰值转矩大。

5）弱磁控制难，不适合恒功率运行。

6）要注意高温及大电流可能引起的永磁体去磁。

2. 感应型交流伺服电动机

1）采用磁场定向控制，转矩控制原理类似直流伺服电动机。

2）需要无功的励磁电流，损耗稍大。

3）设计上减小漏感及磁路饱和的影响。

4）利用弱磁控制，适用高速及恒功率运行。

5）结构简单、坚固，适合大功率应用。

6）控制复杂，参数易受转子升温影响。

习题和思考题

1. STM32 应用于电动机控制中的优势有哪些？

2. boot0、boot1 引脚高低电平与启动模式的关系？

3. 在 STM32 中，有多少个时钟源，它们分别是什么？

4. 由于锁相环（PLL）时钟频率设置为 64MHz，选择 SYSCLK 时钟源为 PLL，并且 HCLK（AHB）时钟源为 SYSCLK 1 分频，因此选择 PCLK1 时钟源为 HCLK（AHB）2 分频，能不能选择 PCLK1 时钟源为 HCLK（AHB）1 分频？为什么？

5. 程序中 PCLK1 时钟源和 PCLK2 时钟源选择 HCLK（AHB）2 分频和 1 分频，也即 APB1 和 APB2 的预分频系数是 2 和 1，PCLK1 和 PCLK2 的时钟频率为 32MHz 和 64MHz，定时器 1 由所在 APB2 总线频率（PCLK2）确定，定时器 2、定时器 3、定时器 4 由所在 PCLK1 确定，但定时器 1 和定时器 2、定时器 3、定时器 4 的频率一样为 64MHz。为什么？

6. STM32 中断有哪两种优先级？当两个中断相遇时，如何通过优先级确定中断谁先执行？

7. 如下程序：

```
void NVIC_Configuration(void)
{
  NVIC_InitTypeDef NVIC_InitStructure;

  NVIC_PriorityGroupConfig(NVIC_PriorityGroup_1);

  NVIC_InitStructure.NVIC_IRQChannel = EXTI9_5_IRQn  ;
  NVIC_InitStructure.NVIC_IRQChannelPreemptionPriority = 0;
  NVIC_InitStructure.NVIC_IRQChannelSubPriority = 0;
  NVIC_InitStructure.NVIC_IRQChannelCmd = ENABLE;
  NVIC_Init(&NVIC_InitStructure);

  NVIC_InitStructure.NVIC_IRQChannel = EXT0_IRQn    ;
  NVIC_InitStructure.NVIC_IRQChannelPreemptionPriority = 0;
  NVIC_InitStructure.NVIC_IRQChannelSubPriority = 1;
  NVIC_InitStructure.NVIC_IRQChannelCmd = ENABLE;
  NVIC_Init(&NVIC_InitStructure);

  NVIC_InitStructure.NVIC_IRQChannel = TIM2_IRQn;
  NVIC_InitStructure.NVIC_IRQChannelPreemptionPriority = 1;
  NVIC_InitStructure.NVIC_IRQChannelSubPriority = 1;
  NVIC_InitStructure.NVIC_IRQChannelCmd = ENABLE;
  NVIC_Init(&NVIC_InitStructure);

  NVIC_InitStructure.NVIC_IRQChannel = TIM3_IRQn;
  NVIC_InitStructure.NVIC_IRQChannelPreemptionPriority = 1;
  NVIC_InitStructure.NVIC_IRQChannelSubPriority = 2;
```

```
NVIC_InitStructure. NVIC_IRQChannelCmd = ENABLE；
NVIC_Init(&NVIC_InitStructure)；

NVIC_InitStructure. NVIC_IRQChannel = TIM4_IRQn；
NVIC_InitStructure. NVIC_IRQChannelPreemptionPriority = 1；
NVIC_InitStructure. NVIC_IRQChannelSubPriority = 3；
NVIC_InitStructure. NVIC_IRQChannelCmd = ENABLE；

NVIC_Init(&NVIC_InitStructure)；
}
```

选择优先级分组是第几组？因此抢占式优先级多少种？响应式优先级多少种？上述程序有多少个中断？排出优先级由高到低的顺序。

8. TIM1_BRK_IRQHandler、TIM1_TRG_COM_IRQHandler、TIM1_CC_IRQHandler、TIM1_UP_IRQHandler 分别是 TIM1 的什么中断？

9. STM32 有哪些定时器？定时器结构主要有哪三部分？

10. 通用定时器与高级定时器的差别是什么？

11. TI1、TI2、TI3、TI4 是外部信号，是直接与引脚相连的信号，其中 TI1 可以第一通道的外部信号进行触发，也可以设置为第一通道、第二通道、第三通道异或进行触发，异或触发的功能应用在什么地方？

12. 计数器计数方式有哪些？

13. STM32 的 ADC 规则转换和注入转换的区别是什么？

14. STM32 的 ADC 中为什么常常需要使用 DMA？

15. 在 ADC 中有如下程序：

```
ADC_RegularChannelConfig(ADC1，ADC_Channel_4，1，ADC_SampleTime_41Cycles5)；//TS
ADC_RegularChannelConfig(ADC1，ADC_Channel_5，2，ADC_SampleTime_41Cycles5)；//V
ADC_RegularChannelConfig(ADC1，ADC_Channel_8，3，ADC_SampleTime_41Cycles5)；//I
```

试说明三个通道对应的 CPU 的引脚。

16. STM32 的 ADC 中在使用 DMA 时用到以下语句，请解释为什么？

```
DMA_InitStructure. DMA_PeripheralBaseAddr = ADC1_DR_Address；
DMA_InitStructure. DMA_MemoryBaseAddr = (u32)ADCConvertedValue；
```

17. 三相逆变电路由多少个开关器件组成？作用是什么？

18. 从导通后管压降大小和驱动是电流还是电压来比较 GTR、功率 MOSFET 和 IGBT 的差别。

19. 驱动电路中常常有自举电路，解释为什么？

20. 无刷直流电动机和永磁同步电动机不同和相同之处是什么？

第3章

交流伺服控制系统中的编程技术

3.1 定点 CPU 的数据 Q 格式

3.1.1 Q 格式说明

定点 CPU 芯片的操作数采用整数表示，一个整数的最大表示范围取决于 CPU 芯片所给定的字长。对 STM32 芯片而言，它本身是没有能力处理各种小数的，这就要由程序员来确定小数点处于数据中 16 位的哪一位，这就是数的定标。通过设定小数点在 16 位中的不同位置，就可以表示不同大小和不同精度的小数。数的定标通常采用的是 Q 表示法，即 QX。其中，X 表示小数的位数，15−X 表示整数的位数，还有一位是符号位。如图 3-1 所示，当小数点（图中的圆点）位于第 0 位的右侧时，为 Q0；当小数点定位于第 15 位的右侧时，为 Q15。表 3-1 列出了 16 位数的 Q 表示和它们所能表示十进制数的范围。

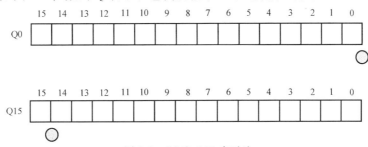

图 3-1 Q0 和 Q15 表示法

表 3-1 Q 格式表示法及其数值范围

Q 表示	数值范围	Q 表示	数值范围
Q15	−1 ~ 0.9999695	Q7	−256 ~ 255.9921875
Q14	−2 ~ 1.9999390	Q6	−512 ~ 511.9804375
Q13	−4 ~ 3.9998779	Q5	−1024 ~ 1023.96875
Q12	−8 ~ 7.9997559	Q4	−2048 ~ 2047.9375
Q11	−16 ~ 15.9995117	Q3	−4096 ~ 4095.875
Q10	−32 ~ 31.9990234	Q2	−8192 ~ 8191.75
Q9	−64 ~ 63.9980469	Q1	−16384 ~ 16383.5
Q8	−128 ~ 127.9960938	Q0	−32768 ~ 32767

由表 3-1 可知，同样一个 16 位数，若小数点的设定位置不同，其表示的数也不同。X 越大，数值范围越小，但精度越高；相反，X 越小，数值范围越大，但精度越低。因此，对定点数而言，数值范围与精度是一对矛盾。一个变量要想表示较大的数值范围，必须以牺牲精度为代价；而要想提高精度，所表示的数值范围就相应地减小。

3.1.2　电动机控制中电流采样值的 Q 格式处理

1. 三相电流检测硬件原理

当逆变器驱动一个三相电动机时，可以只测量两相定子电流 I_a、I_b，而 I_c 相电流可通过计算得到，即 $I_c = -(I_a + I_b)$。一般采用串电阻的方法来采样电流，但由于实验用电动机的额定电流很小，在空载时仅为毫安级，用电阻采样会很大程度影响采样精度。为了提高定子电流检测精度，采用霍尔电流传感器 LTSR 6-NP 或者是后面涉及的 ACS712 来检测电流。LTSR 和 LTS 型号的区别是 LTSR 同时输出内部偏置电压参考值和电流检测值，两者均为电压量，且都随温度的变化同向变化，因此大大提高了系统的抗干扰性能，实际只需同时采样这两路信号并相减便可方便地计算出实际的电流值，而 LTS 只输出电流检测值。

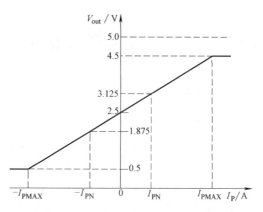

图 3-2　LTSR 6-NP 的输出特性曲线

图 3-2 为霍尔电流传感器的输出特性曲线。根据不同的连接方式，该传感器可具有 3 个不同的量程，分别为 2A 档、3A 档、6A 档。其对应的最大测量范围可根据式（3-1）计算得到，分别为 ±6.4A、±9.6A、±19.2A。

$$I_{PMAX} = \frac{4.5 - 2.5}{3.125 - 2.5} I_{PN} \tag{3-1}$$

如果电动机的额定电流有效值 $I_N = 1.50A$，取过载倍数 $\lambda = 1.8$，则最大电流 $I_m = \sqrt{2} I_N \lambda = \sqrt{2} \times 1.5 \times 1.8 A = 3.82A$。由此可见，为了最大程度利用电流传感器的量程范围，提高测量精度，应采用 2A 档的连接方式。

2. 电流采样值的 Q8 格式处理

由 LTSR 6-NP 的输出特性曲线可看出，当检测的电流为 2A 时，输出为 3.125V，再减去偏置电压参考值 2.5V，也就是实际电流为 2A 检测的电压为 0.625V，再经过 0.6 的分压。因此，0.625V 经过 A-D 转换以后得到的值为

$$数值结果 = \frac{0.625 \times 0.6}{3} \times 4095 = \frac{0.625 \times 0.6}{3} \times 4095 = 512$$

所以，总的电流放大倍速 $k_{IU} = \frac{512}{2} = 256$，为 Q8 格式。

3. Q 格式软件处理举例

在软件编程中，用到以下几条语句，这些语句能很好地说明 Q 格式的应用。

```
#define ThreeDivide2Q14 0x6000     //1.5          in 1Q14
```

```
#define Sqrt3Divide2Q14 0x376C       // sqrt（3）/2 in 1Q14
#define Sqrt3Q14           0x6ED9     // sqrt（3）   in 1Q14
……
IsAlpha =（long）Isa ＊（long）ThreeDivide2Q14 >> 14；
IsBeta =（long）Isa ＊（long）Sqrt3Divide2Q14 +（long）Isb ＊（long）Sqrt3Q14 >> 14；
……
```

第一行是把 1.5 以 Q14 格式表示，就是 0x6000；同样，第二、第三行分别把 $\sqrt{3}/2$ 和 $\sqrt{3}$ 以 Q14 格式表示，其数值为 0x376C 和 0x6ED9。后面两行程序是 Clarke 变换（在后面的电动机控制中说明含义），把 A-D 转换的 Isa 和 Isb 计算 IsAlpha 和 IsBeta，由于 Isa 和 Isb 为 Q8 格式，经计算 IsAlpha 和 IsBeta 同样为 Q8 格式。

4. 其他电流传感器芯片的实现

电流传感器芯片种类较多，图 3-3 为采用 ACS 系列的电流检测电路原理图。图 3-3 中，IP+为电流输入端，IP-为电流输出端，由于输出直接为电压量，故不再需要输出端采样电阻；并

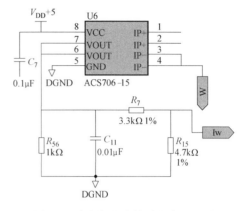

图 3-3　直流侧电流检测电路原理图

且由于 CPU 的模拟输入范围为 0~3V，芯片的电源电压为 5V，因此还必须经过系数为 0.6 的分压再送入 A-D 采样端口。

3.2　PI 调节器的数字实现方法

3.2.1　模拟 PI 调节器的数字化

无论转速还是电流闭环控制，其运算的核心是 PI 调节器。PI 调节器的传递函数为

$$W_{\mathrm{PI}}(s)=\frac{U(s)}{E(s)}=\frac{K_{\mathrm{P}}\tau s+1}{\tau s}=K_{\mathrm{P}}+\frac{1}{\tau s} \tag{3-2}$$

式中，K_{P} 是比例分数，τ 是积分分数。

PI 调节器的输出 $U(s)$ 和偏差 $E(s)$ 的关系为

$$U(s)=W_{\mathrm{PI}}(s)E(s)=K_{\mathrm{P}}E(s)+\frac{1}{\tau s}E(s) \tag{3-3}$$

输出的时域方程为

$$u(t)=K_{\mathrm{P}}e(t)+\frac{1}{\tau}\int e(t)\mathrm{d}t \tag{3-4}$$

为了求出相应的数字 PI 调节器的差分方程，将式（3-4）离散化，离散化后第 n 拍的输出为

$$u(n)=K_{\mathrm{P}}e(n)+\frac{T_{\mathrm{sam}}}{\tau}\sum_{i=1}^{n}e(i) \tag{3-5}$$

式中，T_{sam} 是采样周期。

数字 PI 调节器有两种算式：位置式和增量式。式（3-5）称为位置式，其计算结果是输出的绝对数值，它的每次输出与整个过去状态有关，在计算过程中需要过去所有偏差的累加值。由等号右侧可以看出，比例部分只与当前的偏差有关，而积分部分则是系统过去所有偏差的累积。位置式 PI 调节器的结构清晰，P 和 I 两部分作用分明，参数调整简单明了。

由式（3-5）可知，PI 调节器的第 $n-1$ 拍输出为

$$u(n-1) = K_P e(n-1) + \frac{T_{sam}}{\tau} \sum_{i=1}^{n-1} e(i) \tag{3-6}$$

如果把式（3-5）和式（3-6）相减，就可以导出

$$\Delta u(n) = u(n) - u(n-1) = K_P(e(n) - e(n-1)) + \frac{T_{sam}}{\tau} e(n) \tag{3-7}$$

式（3-7）称为增量式，它只需要现时和上一个采样时刻的偏差值，在计算机中多保存上一拍的输出值即可。

在计算机的程序中，往往用 K_I 代替式（3-7）中的 $\frac{T_{sam}}{\tau}$，则

$$\Delta u(n) = K_P(e(n) - e(n-1)) + K_I e(n) \tag{3-8}$$

当要求计算机输出的是一个绝对数值时，也往往是利用增量式来实现的：

$$\begin{aligned} u(n) &= \Delta u(n) + u(n-1) \\ &= K_P(e(n) - e(n-1)) + K_I e(n) + u(n-1) \end{aligned} \tag{3-9}$$

只要在计算机中保持着上一时刻 $u(n-1)$ 即可。

PI 调节器的输出都要进行限幅控制，利用微型计算机进行限幅控制是非常简单的事，只要在程序内设置输出限幅值 u_m，当 $u(n) > u_m$ 时，便以限幅值 u_m 输出。数字 PI 调节器的第二个限幅功能是对输出的增量 $\Delta u(n)$ 进行限制，这在模拟系统中是比较困难的，但在计算机中变得轻而易举了，同样地在程序内设置输出增量 $\Delta u(n)$ 的限幅值 Δu_m，当 $\Delta u(n) > \Delta u_m$ 时，便以限幅值 Δu_m 输出。

位置式算法还必须同时设积分限幅和输出限幅，缺一不可。若没有积分限幅，当反馈大于给定使调节器退出饱和时，积分项可能仍很大，将产生较大的退饱和超调。

3.2.2 改进的数字 PI 算法

PI 调节器的参数直接影响着系统的性能指标，在高性能的调速系统中，有时仅仅靠调整 P、I 参数难以同时满足各项静、动态性能指标。采用模拟 PI 调节器时，由于受到物理条件的限制，只好在不同指标中求其折衷。而微机数字控制系统具有很强的逻辑判断和数值运算能力，充分应用这些能力，可以衍生出多种改进的 PI 算法，提高系统的控制性能，其中使用的较多的是积分分离算法。

在 PI 调节器中，比例部分能快速响应控制作用，而积分部分是偏差的累积，能最终消除稳态偏差。在模拟 PI 调节器中，只要有偏差存在，P 和 I 就同时起作用，因此，在满足快速调节功能的同时，会不可避免地带来过大的退饱和超调，严重时将导致系统的振荡。

在微机数字控制系统中，很容易把 P 和 I 分开。当偏差大时，只让比例部分起作用，以快速减少偏差；当偏差降低到一定程度后，再将积分作用投入，既可最终消除稳态偏差，又

能避免较大的退饱和超调。这就是积分分离算法的基本思想。

积分分离算法表达式为

$$u(k) = K_{\mathrm{P}}e(k) + C_{\mathrm{I}}K_{\mathrm{I}}T_{\mathrm{sam}}\sum_{i=1}^{k}e(i) \qquad (3\text{-}10)$$

式中，$C_{\mathrm{I}} = \begin{cases} 1 & |e(i)| \leqslant \delta \\ 0 & |e(i)| > \delta \end{cases}$，$\delta$ 是一常值。

积分分离法能有效抑制振荡，减小超调，常用于转速调节器。

3.2.3 数字 PI 调节器的举例

下面以位置式算法为例说明 PI 调节器的实现。

头文件中声明：

```
int ACMR_PI();
int ACTR_PI();
int ASR_PI();
int     Mkp = 950;
int     Mki = 6;//40//55//45
long    M_saur = 2662400;//65536×2600//65536×26000×280000A

int     Tkp = 950;//15000
int     Tki = 6;//40//55//45
long    T_saur = 2662400;//65536×2600

long    Skp = 1150;//7500
int     Ski = 8;//300;//88
long    S_saur = 614400;
```

C 语言文件中定义：

```
int ACMR_PI()
{
    long error1;
    long Tempm;
    error1 = IsD_GeiDing-IsD;
    Tempm = Mki * error1;
    M_IntK = Tempm + M_IntK;
    if(M_IntK > M_saur)
    {
    M_IntK = M_saur;
    }
    else if(M_IntK < -M_saur)
    {
```

```
        M_IntK = -M_saur;
    }

    Tempm = (long) Mkp * error1;
    Tempm = (long) (Tempm + M_IntK);
    if(Tempm>M_saur)
    {
        Tempm = M_saur;
    }
    else if (Tempm<-M_saur)
    {
        Tempm = -M_saur;
    }
    return Tempm>>10;
}
int ACTR_PI( )
{
    long Tempt,Tempt1,Tempt2;
    long error2;
    error2 = IsQ_GeiDing-IsQ;

    Tempt = Tki * error2;
    T_IntK = T_IntK+Tempt ;
    if(T_IntK > T_saur)
    {
        T_IntK = T_saur;
    }
    else if(T_IntK <-T_saur)
    {
        T_IntK = -T_saur;
    }

    Tempt1 = (long) Tkp * error2;
    Tempt2 = (long) (Tempt1 + T_IntK);

    if(Tempt2>T_saur)
    {
    Tempt2 = T_saur;
    }
```

```
      else if（Tempt2<-T_saur）
      {
      Tempt2 = -T_saur;
      }
      return Tempt2>>10;
   }
   int ASR_PI（ ）
   {
      long error3;
      long Temps;

      error3 = speed_ref-speed;
      Temps = Ski ∗ error3;
      S_IntK = Temps + S_IntK;
      if( S_IntK > S_saur)
      {
         S_IntK = S_saur;
      }
      else if( S_IntK < -S_saur)
      {
         S_IntK = -S_saur;
      }

      Temps = ( long) Skp ∗ error3;
      Temps = ( long)( Temps + S_IntK);
      if( Temps>S_saur)
      {
         Temps = S_saur;
      }
      else if （Temps<-S_saur）
      {
         Temps = -S_saur;
      }
      return Temps>>10;
   }
```

在电动机控制中，要用到 d-q 轴电流给定与反馈比较再经过 d-q 轴调节器输出的 U_d 和 U_q，以及速度调节器的输出。在程序中，通过前面的声明和定义，可以用以下语句实现。

......

```
      Ud = ACMR_PI（ ）;
```

```
        Uq = ACTR_PI( ) ;
……
        Te = ASR_PI( ) ;
……
```

3.3 PWM 驱动信号

PWM 是 Pulse Width Modulation 的缩写，中文意思是脉冲宽度调制，简称脉宽调制。它是利用微处理器的数字输出来对模拟电路进行控制的一种非常有效的技术，广泛应用于测量、通信、功率控制与变换等许多领域。图 3-4 所示的矩形脉冲波形就是 PWM 波形，PWM 波形最重要的 3 个参数是周期、频率和占空比。交流伺服控制是通过桥式逆变电路实现交流伺服电动机的控制，关键技术是采用 PWM 方法（改变占空比）控制逆变电路的开关器件。

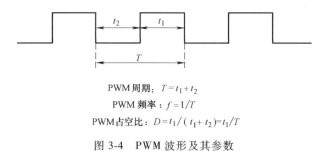

PWM 周期：$T = t_1 + t_2$

PWM 频率：$f = 1/T$

PWM 占空比：$D = t_1/(t_1 + t_2) = t_1/T$

图 3-4 PWM 波形及其参数

下面分析在永磁同步电动机、异步电动机和无刷直流电动机控制时 PWM 信号实现的 CPU 的初始化设置。永磁同步电动机和异步电动机的 PWM 驱动是三相互补的 PWM 信号，并且具有死区时间要求。无刷直流电动机的 PWM 驱动是方波切换方式，而且方式有多种，如有 H-PWM __ L-ON、H-ON __ L-PWM 等。两者的 PWM 输出方式相差较大，下面分别通过实际初始化程序设置说明。

3.3.1 三相互补的 PWM 驱动

三相互补的 PWM 信号需输出 6 路 PWM 信号，实现的关键是要互补及死区时间要求，通过对芯片正确设置实现，具体程序如下。

```
void TIM1_Configuration( void )//10kHz
{
    RCC_APB2PeriphClockCmd( RCC_APB2Periph_TIM1, ENABLE ) ;
    TIM1->CCR1 = pwm_pr ;               //捕获/比较预装载值
    TIM1->CCR2 = pwm_pr ;
    TIM1->CCR3 = pwm_pr ;

    TIM1->ARR = pwm_pr ;                //设定计数器自动重装值
    TIM1->PSC = 0 ;                     //预分频器不分频
    TIM1->BDTR| = 0xa0 ;                //死区时间设定为 3μs
```

```
TIM1->CCER|=1≪3;                //有效电平设置
TIM1->CCER|=1≪7;
TIM1->CCER|=1≪11;
TIM1->CCER|=1≪1;                //有效电平设置
TIM1->CCER|=1≪5;
TIM1->CCER|=1≪9;
TIM1->CCMR1|=6≪4;               //TIM1CH1 PWM 模式 1
TIM1->CCMR1|=6≪12;              //TIM1CII2 PWM 模式 1
TIM1->CCMR2|=6≪4;               //TIM1CH3 PWM 模式 1
TIM1->CCMR1|=1≪3;               //TIM1CH1 预装载使能
TIM1->CCMR1|=1≪11;              //TIM1CH2 预装载使能
TIM1->CCMR2|=1≪3;               //TIM1CH3 预装载使能
TIM1->CR1|=0X80;                //ARPE 置 1,自动重装载、预装载允许位使能
TIM1->CR1|=1≪5;                 //上下计数模式
TIM1->BDTR|=1≪15;               //主输出使能
TIM1->DIER|=1≪0;                //允许更新中断
TIM1->CCER|=1≪0;                //TIM1CH1 通道开关
TIM1->CCER|=1≪2;                //TIM1CH1N 通道开关
TIM1->CCER|=1≪4;                //TIM1CH2 通道开关
TIM1->CCER|=1≪6;                //TIM1CH2N 通道开关
TIM1->CCER|=1≪8;                //TIM1CH3 通道开关
TIM1->CCER|=1≪10;               //TIM1CH3N 通道开关

TIM1->CR1|=0X01;                //使能定时计数器 1
//******硬件保护********************************//
TIM1->DIER|=1≪7;                //允许刹车中断
TIM1->BDTR|=1≪12;               //刹车使能
TIM1->CR2|=1≪9;                 //设置此位可以决定刹车时下桥的电平,由于下桥
                                  驱动电路反相,所以这里需要这样设置
TIM1->CR2|=1≪11;                //设置此位可以决定刹车时下桥的电平
TIM1->CR2|=1≪13;                //设置此位可以决定刹车时下桥的电平
//******硬件保护******************************//
}
```

上面的 TIM1 初始化中,应该理解以下几方面。

1) PWM 频率设置。在程序中 PWM 频率通过#define pwm_ pr 3199 设置,由于定时器 1 的时钟频率是 64MHz,并且设置了上下计数模式,因此通过 $1/((3199+1)×2/64000000)$ 计算 PWM 频率为 10kHz。

2) 设置了预装载使能。可以发现预分频器寄存器、自动重载寄存器和捕捉/比较寄存

器均对应两个寄存器：一个是可以写入或读出的寄存器，称为预装载寄存器；另一个是看不见的、无法真正对其进行读/写操作的，但在使用中真正起作用的寄存器，称为影子寄存器。预装载寄存器的内容可以随时传送到影子寄存器，即两者是连通的，或者在每一次更新事件（UEV）时才把预装载寄存器的内容传送到影子寄存器。

设计预装载寄存器和影子寄存器的好处是所有真正需要起作用的寄存器（影子寄存器）可以在同一个时间（发生更新事件时）更新为所对应的预装载寄存器的内容，这样可以保证多个通道的操作能够准确地同步。如果没有影子寄存器，软件更新预装载寄存器时，则不可能同时更新真正操作的寄存器，因为软件不可能在一个相同的时刻同时更新多个寄存器，结果造成多个通道的时序不能同步，如果再加上中断等其他因素，多个通道的时序关系有可能会混乱，造成不可预知的结果。

3）上下桥臂 PWM 互补功能实现。TIM1->CCMR1|=6≪4、TIM1->CCMR1|=6≪12、TIM1->CCMR2|=6≪4 设置输出比较 1、2、3 模式为 PWM 模式 1，即在向上计数时，一旦 TIM1_ CNT<TIM1_ CCR1 通道 1 为有效电平，否则为无效电平；在向下计数时，一旦 TIM1_ CNT>TIM1_ CCR1 通道 1 为无效电平，否则为有效电平。而有效电平和无效电平究竟是高电平还是低电平，则要在 TIM1_ CCER 的 CC1P、CC1NP、CC2P、CC2NP、CC3P、CC3NP 中设置，0 为高电平有效，1 为低电平有效，默认值为 0。

在 PWM 初始化中：

```
TIM1->CCER|=1≪3;            //有效低电平设置
TIM1->CCER|=1≪7;
TIM1->CCER|=1≪11;
TIM1->CCER|=1≪1;
TIM1->CCER|=1≪5;
TIM1->CCER|=1≪9;
TIM1->CCMR1|=6≪4;          //TIM1CH1 PWM 模式 1
TIM1->CCMR1|=6≪12;         //TIM1CH2 PWM 模式 1
TIM1->CCMR2|=6≪4;          //TIM1CH3 PWM 模式 1
```

芯片中参考信号 OCxREF 都是高有效，可以产生 2 路输出：OCx 和 OCxN。如果 OCx 和 OCxN 为高电平有效，可得如下输出：

① OCx 输出信号与参考信号相同，只是它的上升沿相对于参考信号的上升沿有一个延迟。

② OCxN 输出信号与参考信号相反，只是它的上升沿相对于参考信号的下降沿有一个延迟。

现在的设置是低电平有效，因此 OCx 和 OCxN 的输出波形如图 3-5a 所示。在 SVPWM 实现的程序（参考第 4 章 SVPWM 编程实例）中：

```
else
{
    TIM1->CCER&=0xfffd;        //CC1P、CC2P、CC3P 有效高电平设置
    TIM1->CCER&=0xffdf;
    TIM1->CCER&=0xfdff;
```

现在 OCx 为高电平有效，OCxN 为低电平有效，因此可得到 OCx、OCxN 的输出信号如图 3-5b 所示，从图中可看出上下桥臂的驱动信号并不是互补的关系，这是什么原因呢？我们知道开关器件上得到的驱动信号还与硬件电路有关，如图 5-20 中一相的硬件驱动电路，所以实际输出满足硬件的需求。

4）初始化程序中互补 PWM 的死区设置。由于一相电路中具有上下桥臂，上下桥臂的开关晶体管驱动信号要互补，并且还需要死区时间的设置，即在同一桥臂的开关晶体管关断后延迟一时间再导通另一开关晶体管，一般 CPU 芯片具有这种功能，但要正确设置好。以下是在程序中涉及的设置死区时间的语句，只需对刹车和死区寄存器的低 8 位操作。

TIM1->BDTR | = 0xa0；　　　　//死区时间设定为 $3\mu s$

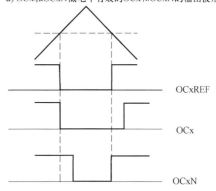

a) OCx 和 OCxN 低电平有效的 OCx 和 OCxN 的输出波形

b) OCx 为高电平有效、OCxN 为低电平有效的 OCx 和 OCxN 的输出波形

图 3-5　OCx、OCxN 的输出信号波形

刹车和死区寄存器的低 8 位定义了插入互补输出之间的死区持续时间。根据芯片手册，假设 DT 表示其持续时间，得到以下关系：

DTG [7：5] = 0xx => DT = DTG [7：0] ×Tdtg，Tdtg = TDTS；

DTG [7：5] = 10x => DT =（64 + DTG [5：0]）×Tdtg，Tdtg = 2×TDTS；

DTG [7：5] = 110 => DT =（32 + DTG [4：0]）×Tdtg，Tdtg = 8×TDTS；

DTG [7：5] = 111 => DT =（32 + DTG [4：0]）×Tdtg，Tdtg = 16×TDTS

现 TDTS = 1/64MHz，死区时间 =（64 + 32）×2×TDTS = $3\mu s$。

5）刹车设置。STM32 刹车就是关掉 PWM，紧急停止的意思。TIM1->BDTR | = 1≪15 是对 MOE 位置位，控制 TIM1 的输出。MOE 为主输出使能（Main Output Enable）位，一旦刹车输入有效，该位被硬件清 "0"。0 为禁止 OC 和 OCN 输出或强制为空闲状态；1 为如果设置了相应的使能位（TIMx_ CCER 寄存器的 CCxE、CCxNE 位），则开启 OC 和 OCN 输出。

刹车输入电平的极性由 TIM1->BDTR 的位 13 确定，由于设置中没有对该位操作，采用其默认值 0，为刹车输入低电平有效。

控制寄存器 2（CR2）的位 8 至位 14 确定刹车后的 6 路 PWM 输出电平，针对图 5-20 驱动电路，要求上桥臂低电平，下桥臂高电平。

3.3.2　无刷直流电动机的 PWM 驱动

无刷直流电动机的工作方式是方波切换，它的实现较灵活，有多种方法，下面以常采用的 H-PWM ＿ L-ON 方式说明。

```
void TIM1_Configuration(void)
{
        RCC_APB2PeriphClockCmd(RCC_APB2Periph_TIM1, ENABLE);

        TIM1->CCR1 = pwm_pr;        //捕获/比较预装载值
        TIM1->CCR2 = pwm_pr;
        TIM1->CCR3 = pwm_pr;

        TIM1->ARR = pwm_pr;         //设定计数器自动重装值
        TIM1->PSC = 0;              //预分频器不分频

        TIM1->CCER | = 1≪0;         //TIM1CH1 通道开关
        TIM1->CCER | = 1≪4;         //TIM1CH2 通道开关
        TIM1->CCER | = 1≪8;         //TIM1CH3 通道开关

        TIM1->CCMR1 | = 7≪4;        //TIM1CH1 PWM 模式 2
        TIM1->CCMR1 | = 7≪12;       //TIM1CH2 PWM 模式 2
        TIM1->CCMR2 | = 7≪4;        //TIM1CH3 PWM 模式 2
        TIM1->CCMR1 | = 1≪3;        //TIM1CH1 预装载使能
        TIM1->CCMR1 | = 1≪11;       //TIM1CH2 预装载使能
        TIM1->CCMR2 | = 1≪3;        //TIM1CH3 预装载使能
        TIM1->CR1 | = 0x80;         //CR1 ARPE 自动重装载、预装载允许位使能
        TIM1->CR1 | = 1≪5;          //上下计数模式
        TIM1->BDTR | = 1≪15;        //主输出使能

        TIM1->DIER | = 1≪0;         //允许更新中断
        // * * * * * *硬件保护 * * * * * * * * * * * * * * * * * * * * * * * * //
        TIM1->BDTR | = 0≪12;        //刹车使能
        TIM1->BDTR | = 0≪13;        //低电平有效
        TIM1->DIER | = 1≪7;         //允许刹车中断
        TIM1->CR2 | = 1≪9;          //设置此位可以决定刹车时 A 相下桥的电平,由
                                    于下桥驱动电路反相,所以这里需要这样设置
        TIM1->CR2 | = 1≪11;         //设置此位可以决定刹车时 B 相下桥的电平
        TIM1->CR2 | = 1≪13;         //设置此位可以决定刹车时 C 相下桥的电平

        TIM1->CR1 | = 0X01;         //使能定时计数器 1
}
```

上面的 TIM1 初始化除 6 路输出驱动不同外,其余与三相互补的 PWM 驱动基本相同,6

路的输出驱动信号有较大差别,主要体现在下桥臂没有 PWM 驱动并且上下桥臂不用互补信号,也不存在死区时间的概念。程序中 TIM1->CCMR1 | =7≪4、TIM1->CCMR1 | =7≪12、TIM1->CCMR2 | =7≪4 设置输出比较模式为 PWM 模式 2,即在向上计数时,一旦 TIM1_ CNT<TIM1_ CCR1 通道 1 为无效电平,否则为有效电平;在向下计数时,一旦 TIM1_ CNT> TIM1_ CCR1 通道 1 为有效电平,否则为无效电平。但是通过 TIM1 初始化的设置还不能实现无刷直流电动机驱动信号的要求,还需要在初始化时通过宏定义的方法完成,以下是实现过程步骤。

步骤 1:驱动输出 I/O 设置。由于 PA8、PA9、PA10 口是三相桥上桥臂开关管驱动输出,PB13、PB14、PB15 口是三相桥下桥臂开关管驱动输出,在无刷直流电动机控制中为了实现 H-PWM ＿ L-ON 方式,PB13、PB14、PB15 设置开关输出,PA8、PA9、PA10 则是复用功能 TIM1_ CH123(TIM1 的通道 1、2、3),因此在 GPIO 设置中设置 PB13、PB14、PB15 口为推挽输出,设置 PA8、PA9、PA10 口为复用推挽输出,在初始端口设置函数 void GPIO_ Configuration(void)中设置如下:

/ * 设置 PB13、PB14、PB15 口为推挽输出,最大翻转频率为 50MHz * /

GPIO_InitStructure. GPIO_Pin = GPIO_Pin_13 | GPIO_Pin_14 | GPIO_Pin_15;

GPIO_InitStructure. GPIO_Speed = GPIO_Speed_50MHz;

GPIO_InitStructure. GPIO_Mode = GPIO_Mode_Out_PP;//下桥臂

GPIO_Init(GPIOB, &GPIO_InitStructure);

/ * 设置 PA8、PA9、PA10 口为复用推挽输出,最大翻转频率为 50MHz * /

GPIO_InitStructure. GPIO_Pin = GPIO_Pin_8 | GPIO_Pin_9 | GPIO_Pin_10;

GPIO_InitStructure. GPIO_Speed = GPIO_Speed_50MHz;

GPIO_InitStructure. GPIO_Mode = GPIO_Mode_AF_PP;//复用推挽输出

GPIO_Init(GPIOA , &GPIO_InitStructure);

步骤 2:下桥臂开关信号高低电平设置。在初始化中可以如下定义:

#define AX0　GPIO_WriteBit(GPIOB, GPIO_Pin_13, Bit_RESET)

#define AX1　GPIO_WriteBit(GPIOB, GPIO_Pin_13, Bit_SET)

#define BX0　GPIO_WriteBit(GPIOB, GPIO_Pin_14, Bit_RESET)

#define BX1　GPIO_WriteBit(GPIOB, GPIO_Pin_14, Bit_SET)

#define CX0　GPIO_WriteBit(GPIOB, GPIO_Pin_15, Bit_RESET)

#define CX1　GPIO_WriteBit(GPIOB, GPIO_Pin_15, Bit_SET)

以上宏定义语句把 AX0、AX1、BX0、BX1、CX0、CX1 定义为 A 相下桥臂驱动低电平、A 相下桥臂驱动高电平、B 相下桥臂驱动低电平、B 相下桥臂驱动高电平、C 相下桥臂驱动低电平、C 相下桥臂驱动高电平。

#define ABCX0 GPIO_WriteBit(GPIOB, GPIO_Pin_13, Bit_RESET);GPIO_WriteBit(GPIOB, GPIO_Pin_14, Bit_RESET);GPIO_WriteBit(GPIOB, GPIO_Pin_15, Bit_RESET);

#define ABCX1 GPIO_WriteBit(GPIOB, GPIO_Pin_13, Bit_SET);GPIO_WriteBit(GPIOB, GPIO_Pin_14, Bit_SET);GPIO_WriteBit(GPIOB, GPIO_Pin_15, Bit_SET);

以上宏定义语句把 ABCX0、ABCX1 定义为 A/B/C 三相下桥臂驱动低电平、A/B/C 三相下桥臂驱动高电平。

步骤 3：上桥臂开关信号 PWM 电平设置。

#define AS0 TIM1->CCMR1&=0xFF8F;TIM1->CCMR1|=4≪4

#define AS1 TIM1->CCMR1&=0xFF8F;TIM1->CCMR1|=7≪4

#define BS0 TIM1->CCMR1&=0x8FFF;TIM1->CCMR1|=4≪12

#define BS1 TIM1->CCMR1&=0x8FFF;TIM1->CCMR1|=7≪12

#define CS0 TIM1->CCMR2&=0xFF8F;TIM1->CCMR2|=4≪4

#define CS1 TIM1->CCMR2&=0xFF8F;TIM1->CCMR2|=7≪4

以上宏定义语句把 AS0、AS1、BS0、BS1、CS0、CS1 定义为 A 相上桥臂驱动 PWM 模式无效电平、A 相上桥臂驱动 PWM 模式 PWM2 模式、B 相上桥臂驱动 PWM 模式无效电平、B 相上桥臂驱动 PWM 模式 PWM2 模式、C 相上桥臂驱动 PWM 模式无效电平、C 相上桥臂驱动 PWM 模式 PWM2 模式。

TIM1_ CCER 的 CC1P、CC1NP、CC2P、CC2NP、CC3P、CC3NP 中默认值为 0，0 为高电平有效，因此无效电平为低电平，所以 AS0、BS0、CS0 为 ABC 三相上桥臂驱动为低电平。

步骤 4：无刷直流电动机不同绕组驱动信号设置。

#define AtoC BS0;CS0;AX1;BX1;AS1;CX0;

#define AtoB BS0;CS0;AX1;CX1;AS1;BX0;

#define BtoA AS0;CS0;BX1;CX1;BS1;AX0;

#define BtoC AS0;CS0;AX1;BX1;BS1;CX0;

#define CtoA AS0;BS0;BX1;CX1;CS1;AX0;

#define CtoB AS0;BS0;AX1;CX1;CS1;BX0;

#define OFF AS0;BS0;CS0;ABCX1;

以上宏定义语句把 AtoC、AtoB、BtoA、BtoC、CtoA、CtoB、OFF 定义为 A 相上桥臂 PWM 模式 C 相下桥臂导通、A 相上桥臂 PWM 模式 B 相下桥臂导通、B 相上桥臂 PWM 模式 A 相下桥臂导通、B 相上桥臂 PWM 模式 C 相下桥臂导通、C 相上桥臂 PWM 模式 A 相下桥臂导通、C 相上桥臂 PWM 模式 B 相下桥臂导通、全关断。通过上面的初始化设置，能满足 H-PWM __ L-ON 方式，并且容易实现换相功能。

另外，无刷直流电动机的方波切换控制可以通过直接设置芯片寄存器值实现。

3.4 数字测速

数字测速具有测速精度高、分辨能力强、受器件影响小等优点，广泛应用于调速要求高、调速范围大的调速系统和伺服系统。

3.4.1 旋转编码器

旋转编码器是转速或转角的检测元件，旋转编码器与电动机同轴相连，当电动机转动时，带动编码器旋转，便发出转速或转角信号。旋转编码器可分为绝对式和增量式两种。绝对式编码器在码盘上分层刻上表示角度的二进制数码或循环码（格雷码），通过接收器将该数码送入计算机。绝对式编码器常用于检测转角，在伺服系统中得到广泛的使用。增量式编码器在码盘上均匀地刻制一定数量的光栅，如图 3-6 所示，又称作脉冲编码器。当电动机旋转时，码盘随之一起转动，记录下脉冲编码器在一定的时间间隔内发出的脉冲数，就可以推算出这段时间内的转速。

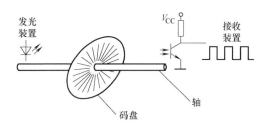

图 3-6　增量式旋转编码器示意图

　　脉冲序列能正确地反映转速的高低，但不能鉴别转向。为了获得转速的方向，可增加一对发光与接收装置，使两对发光与接收装置错开光栅节距的 1/4，则两组脉冲序列 A 和 B 的相位相差 90°，如图 3-7 所示。正转时 A 相超前 B 相，反转时 B 相超前 A 相，采用简单的鉴相电路就可以分辨出转向。

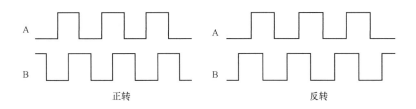

图 3-7　区分旋转方向的 A、B 两组脉冲序列

　　常用的旋转编码器光栅数有 1024、2048、4096 等，再增加光栅数，将大大增加旋转编码器的制作难度和成本。采用倍频电路可以较好地解决这一问题，一般多采用 4 倍频电路，大于 4 倍频的电路较难实现。设旋转编码器的光栅数为 N，倍频系数为 k，则电动机每转一圈发出 $z = kN$ 个脉冲，以后提及的旋转编码器产生的脉冲数均指经过倍频电路输出的脉冲数，不再一一说明。

　　采用旋转编码器的数字测速方法有 3 种：M 法、T 法和 M/T 法。

3.4.2　数字测速方法的精度指标

1. 分辨率

　　分辨率是用来衡量一种测速方法对被测转速变化的分辨能力的，在数字测速方法中，用改变一个计数值所对应的转速变化量来表示分辨率，用符号 Q 表示。当被测转速由 n_1 变为 n_2 时，引起计数值改变了一个数字，则该测速方法的分辨率为

$$Q = n_2 - n_1 \tag{3-11}$$

　　分辨率 Q 越小，说明测速装置对转速变化的检测越敏感，从而测速的精度也越高。

2. 测速误差率

　　转速实际值和测量值之差 Δn 与实际值 n 之比定义为测速误差率，记作

$$\delta\% = \frac{\Delta n}{n} \times 100\% \tag{3-12}$$

　　测速误差率反映了测速方法的准确性，$\delta\%$ 越小，准确度越高。测速误差率的大小取决于测速元件的制造精度，并与测速方法有关。

3.4.3 M法测速

记取一个采样周期内旋转编码器发出的脉冲个数来算出转速的方法称为 M 法测速，又称测频法测速。

在采样周期 T_c 内记录下旋转编码器输出的脉冲个数 M_1，把 M_1 除以 z 得到在 T_c 时间内电动机所转的圈数，在习惯上，T_c 是以秒为单位，而转速是以分为单位，故可得到下列的计算公式：

$$n = \frac{60M_1}{zT_c} \qquad (3\text{-}13)$$

式中，n 是转速，单位为 r/min；M_1 是时间 T_c 内的脉冲个数；z 是旋转编码器每转输出的脉冲个数；T_c 是采样周期，单位为秒（s）。

由于 z 和 T_c 在一个系统的运行过程中是常数，因此转速 n 与计数值 M_1 成正比，故此测速方法称为 M 法测速。

用微型计算机实现 M 法测速的方法：由系统的定时器按采样周期的时间定期地发出一个时间到的信号，而计数器则记录下在两个采样脉冲信号之间的旋转编码器的脉冲个数，如图 3-8 所示。

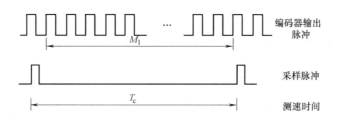

图 3-8　M 法测速原理示意图

在 M 法中，当计数值由 M_1 变为 M_1+1 时，根据式（3-13），相应的转速由 $\frac{60M_1}{zT_c}$ 变为 $\frac{60(M_1+1)}{zT_c}$，则 M 法测速分辨率为

$$Q = \frac{60(M_1+1)}{zT_c} - \frac{60M_1}{zT_c} = \frac{60}{zT_c} \qquad (3\text{-}14)$$

由此可见，用 M 法测速时的分辨率与转速的大小无关。在任何转速下，计数值变化一个数字所引起的转速增量均相等。

由式（3-14）可看出，减小 M 法测速分辨率 Q 的方法有两种：其一是选用脉冲数较多的旋转编码器；其二是增大检测时间，即加大采样周期。但是这两种方法在实际使用中都受到一定的限制，根据采样定律，采样周期必须是控制对象时间常数的 $1/10 \sim 1/5$，不允许无限制地加大采样周期；而增大旋转编码器的脉冲数又受到旋转编码器制造能力的限制。

在图 3-8 中，由于脉冲计数器计的是两个采样定时脉冲之间的旋转编码器发出的脉冲个数，而这两类脉冲的边沿是不可能一致的，因此它们之间存在着测速误差。用 M 法测速时，测量误差的最大可能性是 1 个脉冲。因此，M 法的测速误差率的最大值为

$$\delta_{\max}\% = \frac{\dfrac{60M_1}{zT_c} - \dfrac{60(M_1-1)}{zT_c}}{\dfrac{60M_1}{zT_c}} \times 100\% = \frac{1}{M_1} \times 100\% \tag{3-15}$$

M_1 与转速成正比，转速越低，M_1 越小，测速误差率越大，测速精度则越低。这是 M 法测速的缺点。

3.4.4　T 法测速

T 法测速是测出旋转编码器两个输出脉冲之间的间隔时间来计算出转速，又称为测周法测速。

T 法测速同样也是用计数器加以实现，与 M 法测速不同的是，它计的是计算机发出的高频时钟脉冲，并以旋转编码器输出的脉冲的边沿作为计数器的起始点和终止点，如图 3-9 所示。

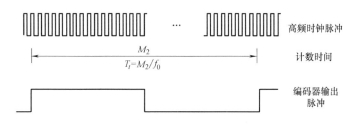

图 3-9　T 法测速原理示意图

设在旋转编码器两个输出脉冲之间计数器记录了 M_2 个时钟脉冲，而时钟脉冲的频率是 f_0，则 M_2/f_0 是旋转编码器输出脉冲的周期，故电动机转一圈的时间是 zM_2/f_0。同样地，需要把时间单位从秒调整为分。由此得到电动机的转速为

$$n = \frac{60f_0}{zM_2} \tag{3-16}$$

式中，M_2 是旋转编码器两个输出脉冲之间的时钟脉冲个数；f_0 是时钟脉冲频率，单位为 $1/s$。

T 法测速与 M 法正好相反，转速越高，计数器读得的数值越小。

考查 T 法的分辨率，计数值从 M_2 变为 M_2-1，有

$$Q = \frac{60f_0}{z(M_2-1)} - \frac{60f_0}{zM_2} = \frac{60f}{z(M_2-1)M_2} \tag{3-17}$$

综合式（3-16）和式（3-17），可得

$$Q = \frac{zn^2}{60f_0 - zn} \tag{3-18}$$

由此可见，T 法测速分辨率 Q 值的大小与转速有关，转速越低，Q 值越小，测速装置的分辨能力则越强。与 M 法测速相比，T 法测速的优点就在于低速时对转速的变化具有较强的分辨能力，从而提高了系统在低速段的控制性能。

与 M 法测速相似，旋转编码器发出的脉冲的边沿是不可能和计算机的时钟脉冲的

边沿一致的，计数值 M_2 也同样存在着 1 个脉冲的偏差。因此，T 法测速误差率的最大值为

$$\delta_{\max}\% = \frac{\dfrac{60f_0}{z(M_2-1)} - \dfrac{60f_0}{zM_2}}{\dfrac{60f_0}{zM_2}} \times 100\% = \frac{1}{M_2-1} \times 100\% \qquad (3-19)$$

低速时，编码器相邻脉冲间隔时间长，测得的高频时钟脉冲个数 M_2 大，所以误差率小，测速精度高，故 T 法测速适用于低速段。

3.4.5 M/T 法测速

在 M 法测速中，随着电动机转速的降低，计数值 M_1 减小，测速装置的分辨能力变差，测速误差增大。如果速度过低，M_1 将小于 1，测速装置便不能正常工作。T 法测速正好相反，随着电动机转速的增加，计数值 M_2 减小，测速装置的分辨能力越差。综合这两种测速方法的特点，产生了一种称为 M/T 法的测速方法。它无论在高速还是在低速都具有较强的分辨能力和检测精度。

M/T 法测速的原理示意图如图 3-10 所示。它的关键是要求实际的检测时间（称为检测周期）与旋转编码器的输出脉冲严格一致。图 3-10 中的 T_c 是采样周期，它由系统的定时器产生，其数值始终不变。检测周期 T 由 T_c 脉冲的边沿之后的第一个脉冲编码器的输出脉冲来决定，即 $T = T_c - \Delta T_1 + \Delta T_2$。

检测周期 T 内被测转轴的转角为 θ，则

$$\theta = \frac{2\pi n T}{60} \qquad (3-20)$$

已知旋转编码器每转发出 z 个脉冲，在检测周期 T 内发出的脉冲数是 M_1，则转角 θ 又可以表示成

$$\theta = \frac{2\pi M_1}{z} \qquad (3-21)$$

若时钟脉冲频率是 f_0，在检测周期 T 内时钟脉冲计数值为 M_2，则检测周期 T 可写成

$$T = \frac{M_2}{f_0} \qquad (3-22)$$

综合式（3-20）、式（3-21）和式（3-22），便可求出被测的转速为

$$n = \frac{60f_0 M_1}{z M_2} \qquad (3-23)$$

用 M/T 法测速时，计数值 M_1 和 M_2 都在变化，为了分析它的分辨率，这里分高速段和低速段两种情况来讨论。

在高速段，$T_c \gg \Delta T_1$，$T_c \gg \Delta T_2$，可看成 $T \approx T_c$，认为 M_2 不会变化，则分辨率可表示为

$$Q = \frac{60f_0(M_1+1)}{zM_2} - \frac{60f_0 M_1}{zM_2} = \frac{60f_0}{zM_2} \qquad (3-24)$$

而 $M_2 = f_0 T \approx f_0 T_c$，代入式（3-24）可得

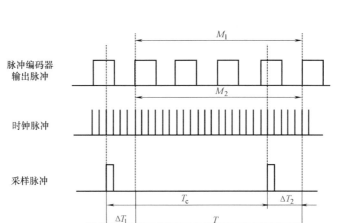

图 3-10　M/T 法测速的原理示意图

$$Q = \frac{60}{zT_c} \qquad (3\text{-}25)$$

这与 M 法测速的分辨率式（3-14）完全相同。

在转速很低时，$M_1 = 1$，M_2 随转速变化，其分辨率与 T 法测速的分辨率式（3-18）完全相同。

上述分析表明，M/T 法的计数值 M_1 和 M_2 都随着转速的变化而变化，高速时相当于 M 法测速，低速时精度与 T 法接近。因此 M/T 法测速综合了 M 法与 T 法的长处，适用的测速范围明显大于 M 法与 T 法，是目前广泛应用的一种测速方法。

由 M/T 法测速的原理可知，为提高测速精度，减小误差，必须尽可能保证高频时钟脉冲计数器与编码器脉冲计数器同时开启和关闭。而实际系统中，常规 M/T 法测速的计数和计时情况一般如图 3-11 所示。

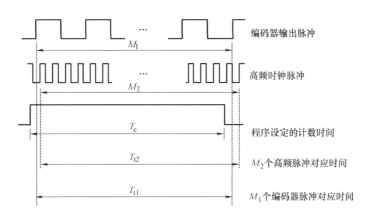

图 3-11　M/T 法测速的计数和计时误差示意图

由图 3-11 可看出，T_c 开始时刻与编码器输出脉冲上升沿并非一定同步到达。同样，T_c 结束时刻也很难刚好与编码器输出脉冲上升沿同步。因此，M_1 个编码器脉冲计数所对应的时间为 T_{t1}，而 M_2 个高频脉冲计数所对应的时间为 T_{t2}，两者不完全相等。其中计时误差 $T_{t2} - T_{t1}$ 是主要矛盾，它与计数时刻的转速以及编码器位置有关。由于高频时钟的频率很高

（40MHz），与计数时的时间误差相比，计时误差 $T_{t2}-T_{t1}$ 基本可以忽略。因此，如何充分利用计算机的资源，保证高频时钟脉冲计数器与编码器输出脉冲计数器同时开启与关闭是提高 M/T 法测速的关键所在。

由图 3-11 可知，M_1 个编码器输出脉冲对应的时间为 T_{t1}，M_2 个高频时钟脉冲对应的时间为 T_{t2}，则 T_{t1} 和 T_{t2} 之间的时间差不超过 1 个高频时钟周期。转速的相对误差为

$$\frac{\Delta n}{n} < \frac{\dfrac{60M_1f_0}{zM_2} - \dfrac{60M_1f_0}{z(M_2+1)}}{\dfrac{60M_1f_0}{zM_2}} \times 100\% = \frac{1}{M_2+1} \times 100\% \tag{3-26}$$

由式（3-26）可知，相对误差与被测转速无关。实际系统中，T_c 取为 1ms 时，高频时钟频率取为 40MHz。如测速编码器输出脉冲数 M_1 对应时间为 T_c，则该时间内的 40MHz 高频时钟脉冲数为 $1\times10^{-3}\times40\times10^6 = 40\ 000$。时间的绝对误差不超过 25ns。转速相对误差为

$$\frac{\Delta n}{n} < \frac{1}{40\ 000+1} \times 100\% = 0.002\ 499\ 9\% \tag{3-27}$$

3.4.6　M/T 法速度测量的实现

M/T 法测速相对 3 种方法来说最复杂，在转速测量时，可以采用 CPU 丰富资源：

1）捕获功能：捕获单元使能后，输入引脚上的指定跳变（脉冲上升沿或下降沿或两个边沿）将把选定的通用定时器计数值锁存；同时相应的中断标志被置位，并发出中断请求。

2）正交编码接口模块：与此相关的两个输入信号（QEP1、QEP2）用作增量编码器的接口。

3）高频时钟频率的选取：根据测速的需要，高频时钟频率可以是 CPU 时钟频率，或者被分频。频率越高，计数值越大，误差越小，计算越复杂，常选择 CPU 时钟频率。

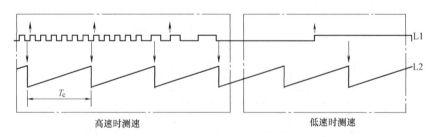

图 3-12　测速计数示意图

图 3-12 是测速用两个计数器工作示意图。L1 为码盘发出的 A 相脉冲，计数器 T3 负责对码盘输入信号 4 倍频计数；L2 为高速计数时钟 T4 的计数过程。测速式（3-23）中，M_1 通过对 L1 的计数求得，M_2 则通过 L2 获得。图 3-12 中 ↑ 表示进入捕抓中断（同时捕抓计数器 T_3、T_4 的计数值），并且关闭捕抓功能；↓ 表示进入周期中断，开捕抓功能，计算转速。T_c 为 T4 的周期，主要目的在于控制高速测速时 M_2 的大小。

在 ↑ 处进行 M_1、M_2 的计算，并且保存当前捕抓到的 T4、T3 计数值。另外，每次进入 T4 周期中断，需要递增进入 T4 周期的次数 MC2。由图 3-12 可以得出 M_1 的计算公式，见表 3-2。

表 3-2　M_1 的计算公式

M_1 计算	MB>MB_old	MB<MB_old
正转	$M_1 = \text{MB} - \text{MB\_old}$	$M_1 = 0x\text{FFFF} - \text{MB\_old} + \text{MB}$
反转	$M_1 = 0x\text{FFFF} - \text{MB} + \text{MB\_old}$	$M_1 = \text{MB\_old} - \text{MB}$

以正转时 M_1 的计算为例说明，当当前记录码盘的脉冲个数大于原先记录码盘的脉冲个数时，在两个捕抓中断时间之间的脉冲个数 M_1 等于当前的减去原先的。当当前记录码盘的脉冲个数小于原先记录码盘的脉冲个数时，这是什么原因呢？很明显这时记录脉冲个数的寄存器发生溢出了，因此，在两个捕抓中断时间之间的脉冲个数 M_1 等于 0xFFFF－MB_old+MB。

当然，有人会问了，在两个捕抓中断时间之间会不会发生记录脉冲个数的寄存器溢出两次以上的情况？答案是否定的，原因是两个捕抓中断时间是由 T_c 的周期中断决定的，其时间肯定小于两次计数寄存器溢出时间，而且电动机码盘的脉冲频率也肯定小于 CPU 时钟频率。这样保证了在两个捕抓中断时间之间不会发生记录脉冲个数的寄存器溢出两次以上的情况。M_2 的计算公式见表 3-3。

表 3-3　M_2 的计算公式

M_2 计算	MC≥MC_old	MC<MC_old
T4 周期的次数 KT	$\text{MC2} = \text{MC} - \text{MC\_old}$	$\text{MC2} = 0x\text{FFFF} - \text{MC\_old} + \text{MC}$
M_2 值	$M_2 = (\text{unsigned long})(\text{MC1} - \text{MC1\_old})$ $M_2 += (\text{unsigned long})(\text{MC2} \times 2000)$，2000 代表 TIM4 周期时间	

M_2 的计算可能有人会说，那不就是一个 T4 周期的 CPU 时钟的时钟个数吗？也不完全是，大家看到图 3-12 右边的情况，此时电动机为低速状态，在两次捕抓中断时间之间，T4 多次进入周期中断，所以每次进入 T4 周期中断，需要递增进入周期的次数，再计算 M_2。

根据以上分析可以绘出测速程序的流程图，如图 3-13 所示。

3.4.7　M/T 法例程

在文件中声明：

```
/ * * * * * * * * * * * * * 编码器计数 * * * * * * * * * * * * * * * * * /
int M1 = 0, MB = 0, MB_old = 0, MC = 0, MC_old = 0, MC1 = 0, MC1_old = 0, KT = 0;
unsigned long MC2 = 0;
unsigned long Omega_long = 0, Omega2 = 0, M2 = 0;
unsigned long Omega1 = 0;
```

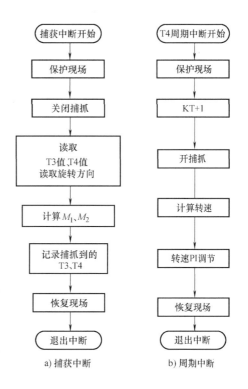

a) 捕获中断　　　b) 周期中断

图 3-13　测速流程图

```
int Omega=0;//转速反馈
long speed_ref,speed_ref1,speed_ref_old,speed=0;
```

在文件中初始化:
```
void TIM3_Configuration(void)
{
    TIM3->ARR=0xFFFF;
    TIM3->CR1|=0x80;
    TIM3->CNT=0;
    TIM3->CCMR1&=0x0000;//初始化
    TIM3->CCMR1|=1≪0;//IIC2FP1 映射到 TI1
    TIM3->CCMR1|=1≪8;//IC2FP2 映射到 TI2
    TIM3->CCMR1|=3≪4;//滤波
    TIM3->CCMR1|=3≪12;//滤波
    TIM3->CCER&=0x0000;//初始化
    TIM3->CCER|=0≪1;//上升沿有效
    TIM3->CCER|=0≪5;//上升沿有效
    TIM3->SMCR|=2≪0;//编码器模式 2
    TIM3->CCER&=0x0000;
    TIM3->CCER|=0≪0;//输入/捕获 1 输出使能
    TIM3->CCER|=0≪4;//输入/捕获 2 输出使能
    TIM3->DIER&=0x0000;
    TIM3->DIER|=1≪1;//允许捕获/比较 1 中断
    TIM3->DIER|=1≪2;//允许捕获/比较 2 中断
    TIM3->DIER|=1≪0;
    TIM3->CR1|=0x01;//开启
}
/* * * * * * * * * * * * * * * * * * * * * * * * * * * * * * * * * * * *
* * * * * * * * * * * * * * * * * * * * * * * * * * * * * * * * * * * *
* *

 * 函数名：TIM_Configuration
 * 函数描述:设置 TIM 各通道
 * 输入参数:无
 * 输出结果：无
 * 返回值:无

     * * * * * * * * * * * * * * * * * * * * * * * * * * * * * * * * *
* * * * * * * * * * * * * * * * * * * * * * * * * * * * * * * * * * * *
* * /
void TIM4_Configuration(void)
```

```
{
    TIM4->ARR = 1999;                    //设定计数器自动重装值
    TIM4->PSC = 31;                      //预分频为 32
    TIM4->CR1 |= 0X80;                   //CR1 ARPE 自动重装载预装载允许位使能
    TIM4->CNT = 0;//计数器清零
    TIM4->DIER |= 1≪0;                   //允许更新中断

    TIM4->CR1 |= 0X01;                   //使能定时计数器 2
}
```

/ *

在文件中实现:
```
void TIM3_IRQHandler(void)
{
    TIM3->CCER& = ~(1≪0);                //输入/捕获 1 输出关闭
//////M2 计算//////
    MC1 = TIM4->CNT;
    MC = KT;
    if(MC>=MC_old)                       //计算 TIM4 中断个数
    {
        MC2 = MC-MC_old;
    }
    else
    {
        MC2 = 0xFFFF-MC_old+MC;
    }
    MC_old = MC;
    M2 = (unsigned long)(MC1-MC1_old);
    M2+= (unsigned long)(MC2 * 2000);    //2000 代表 TIM4 周期时间
    MC1_old = MC1;
///////M1 计算//////
    MB = TIM3->CNT;
    if((MB-MB_old)>50000)                //反转溢出
    {
        M1 = 0xFFFF-MB+MB_old;
    }
    else if((MB_old-MB)>50000)           //正转溢出
    {
```

```
        M1 = 0xFFFF-MB_old+MB;
    }
    else if( MB>MB_old)//正转
    {
        M1 = MB-MB_old;
    }
    else//反转
    {
        M1 = MB_old-MB;
    }

    MB_old = MB;
    TIM_ClearITPendingBit( TIM3, TIM_IT_CC1 | TIM_IT_CC2 | TIM_IT_Update);
}
/* * * * * * * * * * * * * * * * * * * * * * * * * * * * * * * * * * * * * *
* * * * * * * * * * * * * * * * * * * * * * * * * * * * * * * * * * * * * *
* *
    * Function Name: TIM4_IRQHandler
    * Description: This function handles TIM4 global interrupt request
    * Input: None
    * Output: None
    * Return: None
    * * * * * * * * * * * * * * * * * * * * * * * * * * * * * * * * * * * * * *
* * * * * * * * * * * * * * * * * * * * * * * * * * * * * * * * * * * * * *
* * /
    void TIM4_IRQHandler( void)//1ms 中断一次
    {
        KT++;
        TIM3->CCER | = 1≪0;//输入/捕获 1 输出使能
        speed = 600 * M1;
        speed = speed * 100/M2;
        Omega = ( int) ( speed * 107>>10);//107>>10 = 2π/60 即转速和弧度之间的转换,
speed 是 60s 里的转速,所以每秒的转速为 speed/60,对应的弧度为 speed×2π/60

        speed_ref = 30;//( sp-1040)/2;
        Te = ASR_PI( );
        TIM_ClearITPendingBit( TIM4, TIM_IT_Update);
    }
```

习题和思考题

1. Q 格式中的 QX 定义是什么？Q15 的含义是什么？

2. 采用 LEM 公司生产的霍尔电流传感器 LTSR 6-NP 来检测电流，当电流值为 0A 时，传感器输出电压多少？根据不同的连接方式，该传感器可具有多少个不同的量程？针对不同的量程对应测量的最大电流值是多少？

3. 在软件编程中，用到以下几条语句，试说明以下语句与 Q 格式的关系。

```
#dcfine ThreeDivide2Q14 0x6000        //1.5        in 1Q14
#define Sqrt3Divide2Q14 0x376C        //sqrt(3)/2 in 1Q14
#define Sqrt3Q14        0x6ED9        //sqrt(3)    in 1Q14
……
IsAlpha = (long)Isa * (long)ThreeDivide2Q14 >> 14;
IsBeta = (long)Isa * (long)Sqrt3Divide2Q14 + (long)Isb * (long)Sqrt3Q14 >> 14;
……
```

4. 写出位置式 PI 的输出表达式。说明 PI 调节器的实现要完成哪些步骤？

5. PWM 的定义是什么？PWM 的重要参数有哪几个？

6. 说明永磁同步电动机的 PWM 驱动与无刷直流电动机的 PWM 驱动波形的差别。

7. 如何设置 PWM 频率为 10kHz？

8. 三相互补波形的含义是什么？如何通过设置实现？

9. 在 STM32 输出 PWM 波形中，输出比较模式有 PWM1 和 PWM2，OCxREF 会不会因为模式的不一样其波形也不一样？

10. 互补 PWM 为什么要有死区设置？在程序中设置刹车和死区寄存器TIM1->BDTR | = 0xa0，死区时间是多少并分析过程？

11. 刹车设置有哪些关键步骤？

12. 无刷直流电动机的 PWM 驱动是方波切换方式，方式有多少种？

13. 说明旋转编码器的工作原理。如何通过其判断电动机的旋转方向？

14. 数字测速有哪些方法？写出表达式。

15. M/T 法测速用到几个中断？中断之间是否有关系？

16. 分析下面程序。

```
int ASR_PI()
{
    long error3;
    long Temps;

    error3 = speed_ref-speed;
    Temps = Ski * error3;
    S_IntK = Temps + S_IntK;
    if(S_IntK > S_saur)
```

```
        {
          S_IntK = S_saur;
        }
        else if( S_IntK < -S_saur)
        {
          S_IntK = -S_saur;
        }

        Temps = (long) Skp * error3;
        Temps = (long)(Temps + S_IntK);
        if(Temps>S_saur)
        {
          Temps = S_saur;
        }
        else if (Temps<-S_saur)
        {
          Temps = -S_saur;
        }
        return Temps>>10;
    }
```

17. 由于 PA8、PA9、PA10 端口是三相桥上桥臂开关管驱动输出，PB13、PB14、PB15 端口是三相桥下桥臂开关管驱动输出，在无刷直流电动机控制中为了实现 H-PWM — L-ON 方式，端口 I/O 的初始化如何设置？

18. 在无刷直流电动机控制中绕组的导通与关断要根据霍尔信号进行切换，并且是两两导通模式，在程序中 AtoC 是如何实现的？

第4章

电压空间矢量PWM

4.1 电压空间矢量 PWM 控制技术

在电气传动中，广泛应用 PWM 控制技术。随着电气传动系统对控制性能的要求不断提高，人们对 PWM 控制技术展开了深入研究，从最初追求电压波形正弦，到电流波形正弦，PWM 控制技术不断创新和完善。电压空间矢量 PWM（Space Vector PWM，SVPWM）就是一种优化的 PWM 方法。SVPWM 是近年发展的一种比较新颖的控制方法，是由三相功率逆变器的 6 个功率开关元件组成的特定开关模式产生的脉宽调制波，能够使输出电流波形尽可能接近于理想的正弦波形。SVPWM 技术与 SPWM 相比较，绕组电流波形的谐波成分小，使得电动机转矩脉动降低，旋转磁场更逼近圆形，而且使直流母线电压的利用率有了很大提高，且更易于实现数字化。

4.1.1 空间矢量的定义

图 4-1 为 PWM 主回路及三相电动机负载，R 为每相输入电阻，L 为每相输入电感，e_A、e_B、e_C 分别为三相感应电动势。

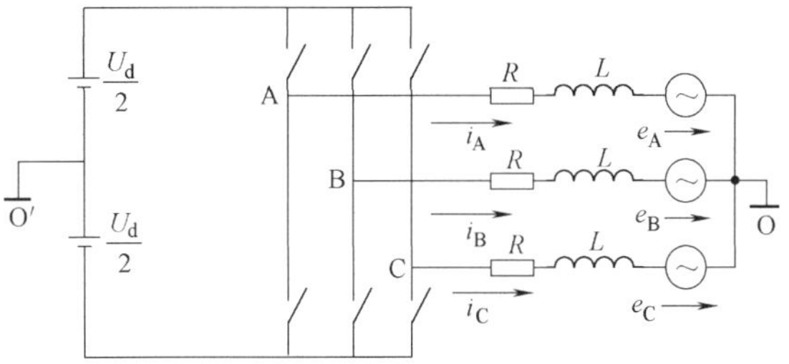

交流电动机绕组的电压、电流、磁链等物理量都是随时间变化的，如果考虑到它们所在绕组的空间位置，可以定义为空间矢量。在图 4-2 中，A、B、C 分别表示在空间静止的电动机定子三相绕组的轴线，它们在空间互差 $\dfrac{2\pi}{3}\,\text{rad}$，三相定子相电压 u_{AO}、u_{BO}、u_{CO} 分别加

图 4-1　PWM 主回路及三相电动机负载

在三相绕组上。可以定义 3 个定子电压矢量 U_{AO}、U_{BO}、U_{CO}，$u_{AO}>0$ 时 U_{AO} 与 A 轴同向，$u_{AO}<0$ 时 U_{AO} 与 A 轴反向，B、C 两相也同样如此，即

$$U_{AO} = u_{AO}$$
$$U_{BO} = u_{BO}\,e^{j\gamma}$$
$$U_{CO} = u_{CO}\,e^{j2\gamma} \tag{4-1}$$

式中，$\gamma = \dfrac{2\pi}{3}$。

三相合成矢量为

$$U_s = U_{AO} + U_{BO} + U_{CO} = u_{AO} + u_{BO}e^{j\gamma} + u_{CO}e^{j2\gamma} \quad (4-2)$$

图 4-2 所示为 $u_{AO} > 0$、$u_{BO} > 0$、$u_{CO} < 0$ 时的合成矢量。当定子相电压 u_{AO}、u_{BO}、u_{CO} 为三相平衡正弦电压时，三相合成矢量为

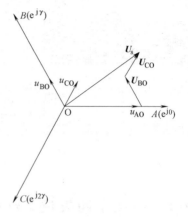

$$U_s = U_{AO} + U_{BO} + U_{CO}$$

$$= U_m \cos(\omega_1 t) + U_m \cos\left(\omega_1 t - \frac{2\pi}{3}\right)e^{j\gamma}$$

$$+ U_m \cos\left(\omega_1 t - \frac{4\pi}{3}\right)e^{j2\gamma} \quad (4-3)$$

$$= \frac{3}{2}U_m e^{j\omega_1 t} = u_s e^{j\omega_1 t}$$

图 4-2 电压空间矢量

式中，U_m 是相电压幅值，u_s 是合成电压幅值。

由式（4-3）可看出，合成电压是一个以电源角频率 ω_1 为电气角速度做恒速旋转的空间矢量，它的幅值不变，是相电压幅值的 $\frac{3}{2}$，当某一相电压为最大值时，合成电压矢量就落在该相的轴线上。

与定子电压相仿，可以定义定子电流和磁链的矢量 I_s 和 $\boldsymbol{\Psi}_s$，即

$$I_s = I_{AO} + I_{BO} + I_{CO} = i_{AO} + i_{BO}e^{j\gamma} + i_{CO}e^{j2\gamma} \quad (4-4)$$

$$\boldsymbol{\Psi}_s = \boldsymbol{\Psi}_{AO} + \boldsymbol{\Psi}_{BO} + \boldsymbol{\Psi}_{CO} = \psi_{AO} + \psi_{BO}e^{j\gamma} + \psi_{CO}e^{j2\gamma} \quad (4-5)$$

在三相平衡正弦电压供电，且电动机已达到稳态时，定子电流和磁链的空间矢量的幅值不变，以电源角频率 ω_1 为电气角速度在空间做恒速旋转。

4.1.2 电压与磁链空间矢量的关系

当异步电动机的三相对称定子绕组由三相电压供电时，对每一相都可写出一个电压平衡方程式，求三相电压平衡方程式的矢量和，即得到合成矢量表示的定子电压方程式：

$$U_s = R_s I_s + \frac{d\boldsymbol{\Psi}_s}{dt} \quad (4-6)$$

当电动机转速不是很低时，定子电阻压降所占的成分很小，可忽略不计，则定子合成电压与合成磁链矢量的近似关系为

$$U_s \approx \frac{d\boldsymbol{\Psi}_s}{dt} \quad (4-7)$$

或

$$\boldsymbol{\Psi}_s \approx \int U_s dt \quad (4-8)$$

当电动机由三相平衡正弦电压供电时，电动机定子磁链幅值恒定，其空间矢量以恒速旋转，磁链矢量顶端的运动轨迹呈圆形（简称磁链圆）。定子磁链旋转矢量为

$$\boldsymbol{\Psi}_s = \psi_s e^{j(\omega_1 t + \phi)} \quad (4-9)$$

式中，ψ_s 是定子磁链矢量幅值；ϕ 是定子磁链矢量的空间初始角度。式（4-9）对 t 求导得

$$U_s \approx \frac{d}{dt}(\psi_s e^{j(\omega_1 t + \phi)}) = j\omega_1 \psi_s e^{j(\omega_1 t + \phi)} = \omega_1 \psi_s e^{j\left(\omega_1 t + \frac{\pi}{2} + \phi\right)} = u_s e^{j\left(\omega_1 t + \frac{\pi}{2} + \phi\right)} \quad (4-10)$$

式（4-10）表明，磁链幅值 ψ_s 等于定子合成电压幅值与角频率之比 $\dfrac{u_s}{\omega_1}$，u_s 方向与磁链矢量正交，即磁链圆的切线方向，如图 4-3 所示。当磁链矢量在空间旋转一周时，电压矢量也连续地按磁链圆的切线方向运动 $2\pi\mathrm{rad}$，若将电压矢量的参考点放在一起，则电压矢量轨迹也是个圆，如图 4-4 所示。因此，电动机旋转磁场的轨迹问题就可转化为电压空间矢量的运动轨迹问题。

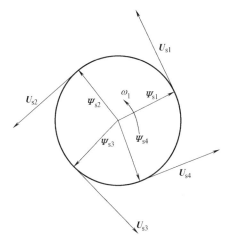

图 4-3　旋转磁场与电压空间矢量的运动轨迹

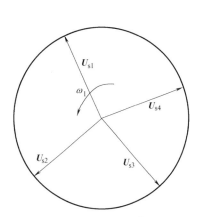

图 4-4　电压矢量圆轨迹

4.1.3　PWM 逆变器基本输出电压矢量

由式（4-2）得

$$
\begin{aligned}
\boldsymbol{U}_s &= \boldsymbol{U}_{\mathrm{AO}} + \boldsymbol{U}_{\mathrm{BO}} + \boldsymbol{U}_{\mathrm{CO}} = u_{\mathrm{AO}} + u_{\mathrm{BO}}\mathrm{e}^{\mathrm{j}\gamma} + u_{\mathrm{CO}}\mathrm{e}^{\mathrm{j}2\gamma} \\
&= (u_{\mathrm{A}} - u_{\mathrm{OO'}}) + (u_{\mathrm{B}} - u_{\mathrm{OO'}})\mathrm{e}^{\mathrm{j}\gamma} + (u_{\mathrm{C}} - u_{\mathrm{OO'}})\mathrm{e}^{\mathrm{j}2\gamma} \\
&= u_{\mathrm{A}} + u_{\mathrm{B}}\mathrm{e}^{\mathrm{j}\gamma} + u_{\mathrm{C}}\mathrm{e}^{\mathrm{j}2\gamma} - u_{\mathrm{OO'}}(1 + \mathrm{e}^{\mathrm{j}\gamma} + \mathrm{e}^{\mathrm{j}2\gamma}) = u_{\mathrm{A}} + u_{\mathrm{B}}\mathrm{e}^{\mathrm{j}\gamma} + u_{\mathrm{C}}\mathrm{e}^{\mathrm{j}2\gamma}
\end{aligned}
\tag{4-11}
$$

式中，$\gamma = \dfrac{2\pi}{3}$；$1 + \mathrm{e}^{\mathrm{j}\gamma} + \mathrm{e}^{\mathrm{j}2\gamma} = 0$；$u_{\mathrm{A}}$、$u_{\mathrm{B}}$、$u_{\mathrm{C}}$ 是以直流电源中点 O′ 为参考点的 PWM 逆变器三相输出电压。由式（4-11）可知，虽然直流电源中点 O′ 和交流电动机中点 O 的电位不等，但合成电压矢量的表达式相等。因此，三相合成电压空间矢量与参考点无关。注意，这里以直流电源中点 O′ 为参考点。

图 4-1 所示的 PWM 逆变器共有 8 种工作状态，当 $(S_{\mathrm{A}}, S_{\mathrm{B}}, S_{\mathrm{C}}) = (1, 0, 0)$ 时，$S_{\mathrm{A \sim C}}$ 代表开关变量，1 代表上桥臂导通，0 代表下桥臂导通，$(u_{\mathrm{A}}, u_{\mathrm{B}}, u_{\mathrm{C}}) = \left(\dfrac{U_{\mathrm{d}}}{2}, -\dfrac{U_{\mathrm{d}}}{2}, -\dfrac{U_{\mathrm{d}}}{2}\right)$，代入式（4-11）得

$$
\begin{aligned}
\boldsymbol{U}_1 &= \frac{U_{\mathrm{d}}}{2}(1 - \mathrm{e}^{\mathrm{j}\gamma} - \mathrm{e}^{\mathrm{j}2\gamma}) = \frac{U_{\mathrm{d}}}{2}(1 - \mathrm{e}^{\mathrm{j}\frac{2\pi}{3}} - \mathrm{e}^{\mathrm{j}\frac{4\pi}{3}}) \\
&= \frac{U_{\mathrm{d}}}{2}\left[\left(1 - \cos\frac{2\pi}{3} - \cos\frac{4\pi}{3}\right) - \mathrm{j}\left(\sin\frac{2\pi}{3} + \sin\frac{4\pi}{3}\right)\right] \\
&= U_{\mathrm{d}}
\end{aligned}
\tag{4-12}
$$

同理，当 $(S_A, S_B, S_C) = (1, 1, 0)$ 时，$(u_A, u_B, u_C) = \left(\dfrac{U_d}{2}, \dfrac{U_d}{2}, -\dfrac{U_d}{2}\right)$，得

$$
\begin{aligned}
\boldsymbol{U}_2 &= \frac{U_d}{2}(1+\mathrm{e}^{\mathrm{j}\gamma}-\mathrm{e}^{\mathrm{j}2\gamma}) = \frac{U_d}{2}(1+\mathrm{e}^{\mathrm{j}\frac{2\pi}{3}}-\mathrm{e}^{\mathrm{j}\frac{4\pi}{3}}) \\
&= \frac{U_d}{2}\left[\left(1+\cos\frac{2\pi}{3}-\cos\frac{4\pi}{3}\right)+\mathrm{j}\left(\sin\frac{2\pi}{3}-\sin\frac{4\pi}{3}\right)\right] \\
&= \frac{U_d}{2}(1+\mathrm{j}\sqrt{3}) = U_d\mathrm{e}^{\mathrm{j}\frac{\pi}{3}}
\end{aligned} \tag{4-13}
$$

依此类推，可得 8 个基本空间矢量，见表 4-1，其中 6 个有效工作矢量 $\boldsymbol{U}_1 \sim \boldsymbol{U}_6$，幅值为直流电压 U_d，在空间互差 $\dfrac{\pi}{3}\mathrm{rad}$，另两个为零矢量 $\boldsymbol{U}_0$ 和 $\boldsymbol{U}_7$。图 4-5 是基本电压空间矢量图。

表 4-1　基本空间电压矢量

电压矢量 / 开关变量	S_A	S_B	S_C	u_A	u_B	u_C	$\boldsymbol{u}_s$
$\boldsymbol{U}_0$	0	0	0	$-\dfrac{U_d}{2}$	$-\dfrac{U_d}{2}$	$-\dfrac{U_d}{2}$	0
$\boldsymbol{U}_1$	1	0	0	$\dfrac{U_d}{2}$	$-\dfrac{U_d}{2}$	$-\dfrac{U_d}{2}$	U_d
$\boldsymbol{U}_2$	1	1	0	$\dfrac{U_d}{2}$	$\dfrac{U_d}{2}$	$-\dfrac{U_d}{2}$	$U_d\mathrm{e}^{\mathrm{j}\frac{\pi}{3}}$
$\boldsymbol{U}_3$	0	1	0	$-\dfrac{U_d}{2}$	$\dfrac{U_d}{2}$	$-\dfrac{U_d}{2}$	$U_d\mathrm{e}^{\mathrm{j}\frac{2\pi}{3}}$
$\boldsymbol{U}_4$	0	1	1	$-\dfrac{U_d}{2}$	$\dfrac{U_d}{2}$	$\dfrac{U_d}{2}$	$U_d\mathrm{e}^{\mathrm{j}\pi}$
$\boldsymbol{U}_5$	0	0	1	$-\dfrac{U_d}{2}$	$-\dfrac{U_d}{2}$	$\dfrac{U_d}{2}$	$U_d\mathrm{e}^{\mathrm{j}\frac{4\pi}{3}}$
$\boldsymbol{U}_6$	1	0	1	$\dfrac{U_d}{2}$	$-\dfrac{U_d}{2}$	$\dfrac{U_d}{2}$	$U_d\mathrm{e}^{\mathrm{j}\frac{5\pi}{3}}$
$\boldsymbol{U}_7$	1	1	1	$\dfrac{U_d}{2}$	$\dfrac{U_d}{2}$	$\dfrac{U_d}{2}$	0

4.1.4　正六边形空间旋转磁场

令 6 个有效工作矢量按 $\boldsymbol{U}_1 \sim \boldsymbol{U}_6$ 的顺序分别作用 Δt 时间，并使

$$\Delta t = \frac{\pi}{3\omega_1} \tag{4-14}$$

也就是说，每个有效工作矢量作用 $\dfrac{\pi}{3}\mathrm{rad}$，6 个有效工作矢量完成一个周期，输出基波电压角频率 $\omega_1 = \dfrac{\pi}{3\Delta t}$。在 Δt 时间内，$\boldsymbol{U}_s(k)$ 保持不变，根据式（4-7）可知，定子磁链矢量的增量为

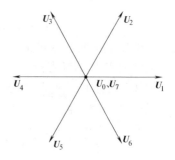

图 4-5　基本电压空间矢量图

$$\Delta\boldsymbol{\varPsi}_s(k) = \boldsymbol{U}_s(k)\Delta t = U_d\Delta t\mathrm{e}^{\mathrm{j}\frac{(k-1)\pi}{3}},\ k=1,2,3,4,5,6 \tag{4-15}$$

其方向与电压矢量相同，幅值等于直流侧电压 U_d 与作用时间 Δt 的乘积。定子磁链矢量的运动轨迹为

$$\boldsymbol{\Psi}_s(k) = \boldsymbol{\Psi}_s(k-1) + \Delta\boldsymbol{\Psi}_s(k) = \boldsymbol{\Psi}_s(k-1) + \boldsymbol{U}_s(k)\Delta t \tag{4-16}$$

图 4-6 显示了定子磁链矢量增量 $\Delta\boldsymbol{\Psi}_s(k)$ 与电压矢量 $\boldsymbol{U}_s(k)$ 和时间增量 Δt 的关系。

在一个周期内，6 个有效工作矢量顺序作用一次，将 6 个 $\Delta\boldsymbol{\Psi}_s(k)$ 首尾相接，构成一个封闭的正六边形，如图 4-7 所示。

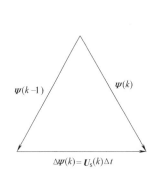

图 4-6　定子磁链矢量增量 $\Delta\boldsymbol{\Psi}_s(k)$ 与电

压矢量 $\boldsymbol{U}_s(k)$ 和时间增量 Δt 的关系

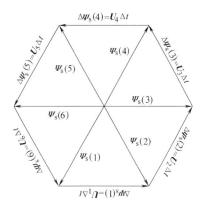

图 4-7　正六边形定子磁链轨迹

由正六边形的性质可知：

$$|\boldsymbol{\Psi}_s(k)| = |\Delta\boldsymbol{\Psi}_s(k)| = |\boldsymbol{U}(k)|\Delta t = U_d\Delta t = \frac{U_d\pi}{3\omega_1} \tag{4-17}$$

式 (4-17) 表明，正六边形定子磁链的大小与直流侧电压 U_d 成正比，而与电源角频率成反比。在基频以下调速时，应保持正六边形定子磁链的最大值恒定，但 ω_1 越小，Δt 越大，若直流侧电压 U_d 恒定，势必导致 $|\boldsymbol{\Psi}_s(k)|$ 增大。如果要保持正六边形定子磁链不变，必须使 U_d/ω_1 为常数，这意味着在变频的同时必须调节直流电压 U_d，造成了控制的复杂性。

有效的方法是插入零矢量，使有效工作矢量的作用时间仅为 Δt_1（$\Delta t_1 < \Delta t$），其余的时间 $\Delta t_0 = \Delta t - \Delta t_1$ 用零矢量来补，则在 $\pi/3\mathrm{rad}$ 内定子磁链矢量的增量为

$$\Delta\boldsymbol{\Psi}_s(k) = \boldsymbol{U}_s(k)\Delta t_1 + 0\Delta t_0 = U_d\Delta t_1 \mathrm{e}^{\mathrm{j}\frac{(k-1)\pi}{3}}, k = 1,2,3,4,5,6 \tag{4-18}$$

正六边形定子磁链的最大值为

$$|\boldsymbol{\Psi}_s(k)| = |\Delta\boldsymbol{\Psi}_s(k)| = |\boldsymbol{U}_s(k)|\Delta t_1 = U_d\Delta t_1 \tag{4-19}$$

在直流电压 U_d 不变的条件下，要保持 $|\boldsymbol{\Psi}_s(k)|$ 恒定，只要使 Δt_1 为常数即可。在 Δt_1 时间段内，定子磁链矢量轨迹沿着有效工作电压矢量方向运行；在 Δt_0 时间段内，零矢量起作用，定子磁链矢量轨迹停留在原地，等待下一个有效工作矢量的到来。电源角频率 ω_1 越低，$\Delta t = \pi/3\omega_1$ 越大，零矢量作用时间 $\Delta t_0 = \Delta t - \Delta t_1$ 也越大，定子磁链矢量轨迹停留的时间越长。由此可知，零矢量的插入有效地解决了定子磁链矢量幅值与旋转速度的矛盾。

4.1.5　期望电压空间矢量的合成与实现

1. 期望电压空间矢量的合成

每个有效工作矢量在一个周期内只作用一次的方式只能生成正六边形的旋转磁场，与在

正弦波供电时所产生的圆形旋转磁场相差甚远，六边形旋转磁场带有较大的谐波分量，这将导致转矩与转速的脉动。要获得更多边形或接近圆形的旋转磁场，就必须有更多的空间位置不同的电压空间矢量以供选择，但 PWM 逆变器只有 8 个基本电压矢量，能否用这 8 个基本矢量合成其他多个矢量？答案是肯定的，按空间矢量的平行四边形合成法则，用相邻的两个有效工作矢量合成期望的输出矢量，这就是电压空间矢量 PWM（SVPWM）的基本思想。

按 6 个有效工作矢量将电压矢量空间分为对称的 6 个扇区，如图 4-8 所示，每个扇区对应 $\frac{\pi}{3}$ rad，当期望的输出电压矢量落在某个扇区内时，就用该扇区的两条边等效合成期望的输出矢量。所谓等效是指在一个开关周期内，产生的定子磁链的增量近似相等。

以期望输出矢量落在第 I 扇区为例，分析电压空间矢量 PWM 的基本工作原理，由于扇区的对称性，可推广到其他各个扇区。图 4-9 所示为由基本电压空间矢量 U_1 和 U_2 的线性组合构成期望的电压矢量 U_s，θ 为期望输出电压矢量与扇区起始边的夹角。在一个开关周期 T 中，U_1 的作用时间为 T_1，U_2 的作用时间为 T_2，按矢量合成法则可得 U_s。

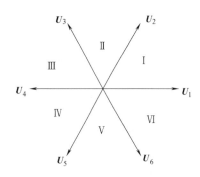

图 4-8 电压空间矢量的 6 个扇区

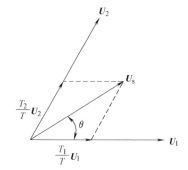

图 4-9 期望输出电压矢量的合成

2. 期望电压空间矢量的实现

从前面的分析可知，SVPWM 实际上采用的是平均值等效原则，即在一个开关周期内通过对基本电压矢量加以组合，使其平均值与给定电压矢量相等。在某个时刻，电压矢量旋转到某个区域内，可由组成这个区域的两个相邻的非零矢量和零矢量在时间上的不同组合来得到。两个矢量的作用时间在一个采样周期内分多次施加，从而控制各个电压矢量的作用时间，使电压空间矢量接近按圆轨迹旋转，通过逆变器的不同开关状态所产生的实际磁通去逼近理想磁通圆，并决定逆变器的开关状态，从而形成 PWM 波形。因此，实现 SVPWM 的关键有 3 个方面的问题要解决：第一，电压矢量的作用时间；第二，两个相邻的非零矢量和零矢量在时间上的组合；第三，判断电压矢量旋转到某个区域，即扇区的判断。

4.2　SVPWM 三个关键问题的解决

1. 基本电压矢量作用时间的计算

有两种方法可以实现基本电压矢量作用时间的计算，具体实现如下。

（1）第一种计算方法

由图 4-9 可得

$$U_s = \frac{T_1}{T}U_1 + \frac{T_2}{T}U_2 = \frac{T_1}{T}U_d + \frac{T_2}{T}U_d e^{j\frac{\pi}{3}}$$

$$= \frac{T_1}{T}U_d + \frac{T_2}{T}U_d \cos\frac{\pi}{3} + j\frac{T_2}{T}U_d \sin\frac{\pi}{3} \tag{4-20}$$

$$= u_s\cos\theta + ju_s\sin\theta$$

令实部与虚部分别相等，解得

$$T_1 = \frac{u_s T}{U_d}\left(\cos\theta - \frac{1}{\sqrt{3}}\sin\theta\right) = \frac{2u_s}{\sqrt{3}\,U_d}T\sin\left(\frac{\pi}{3} - \theta\right) \tag{4-21}$$

$$T_2 = \frac{u_s T}{U_d} \cdot \frac{\sin\theta}{\sin\frac{\pi}{3}} = \frac{2u_s T}{\sqrt{3}\,U_d}\sin\theta \tag{4-22}$$

一般说来 $T_1 + T_2 < T$，其余的时间用零矢量 U_0 或 U_7 来补，零矢量的作用时间为

$$T_0 = T - T_1 - T_2 \tag{4-23}$$

（2）第二种计算方法

在传统第一种计算方法中用到了空间角度及三角函数，使得直接计算基本电压矢量作用时间变得较困难。实际上，只要充分利用 α、β 坐标的 U_α 和 U_β 就可以使计算大为简化。

SVPWM 技术的目的是通过与基本空间矢量对应的开关状态的组合得到一个给定的定子参考电压矢量 U_s。参考电压矢量 U_s 可用它的 α、β 轴分量 U_α 和 U_β 表示。图 4-10 所示为参考电压矢量在扇区I与 α、β 轴分量 U_α 和 U_β 以及基本空间矢量 U_1 和 U_2 的对应关系。

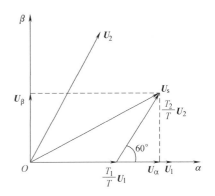

图 4-10　U_s 在扇区 I 和 U_α、U_β
以及 U_1、U_2 的对应关系

在图 4-10 所示的情况中，参考电压空间矢量 U_s 位于基本空间矢量 U_1、U_2 所包围的扇区中，因此 U_s 可以用 U_1 和 U_2 两个矢量来表示，于是有

$$\begin{cases} T = T_1 + T_2 + T_0 \\ U_s = \frac{T_1}{T}U_1 + \frac{T_2}{T}U_2 \end{cases} \tag{4-24}$$

式中，T_1 和 T_2 分别是在周期时间 T 中基本空间矢量 U_1、U_2 各自作用的时间；T_0 是零矢量的作用时间。T_1 和 T_2 可以由式（4-25）计算。

$$\begin{cases} |U_\beta| = \frac{T_2}{T}|U_2|\sin 60° \\ |U_\alpha| = \frac{T_1}{T}|U_1| + \frac{T_2}{T}|U_2|\cos 60° \end{cases} \tag{4-25}$$

可得

$$T_1 = \frac{T}{U_d}\left(|U_\alpha| - \frac{1}{\sqrt{3}}|U_\beta|\right) \tag{4-26}$$

$$T_2 = T \mid \boldsymbol{U}_\beta \mid \frac{2}{\sqrt{3} \, U_d} \tag{4-27}$$

如果 $\boldsymbol{U}_s$ 位于基本空间矢量 $\boldsymbol{U}_2$、$\boldsymbol{U}_3$ 所包围的扇区中，如图 4-11 所示，矢量作用时间可以由式（4-28）计算。

$$\begin{cases} \mid \boldsymbol{U}_\alpha \mid = \dfrac{T_1}{T} \mid \boldsymbol{U}_2 \mid \cos 60° - \dfrac{T_2}{T} \mid \boldsymbol{U}_3 \mid \cos 60° \\[2mm] \mid \boldsymbol{U}_\beta \mid = \dfrac{T_1}{T} \mid \boldsymbol{U}_2 \mid \sin 60° + \dfrac{T_2}{T} \mid \boldsymbol{U}_3 \mid \sin 60° \end{cases} \tag{4-28}$$

可得

$$T_2 = \frac{T}{U_d} \left(- \mid \boldsymbol{U}_\alpha \mid + \frac{1}{\sqrt{3}} \mid \boldsymbol{U}_\beta \mid \right) \tag{4-29}$$

$$T_1 = \frac{T}{U_d} \left(\mid \boldsymbol{U}_\alpha \mid + \frac{1}{\sqrt{3}} \mid \boldsymbol{U}_\beta \mid \right) \tag{4-30}$$

如果 $\boldsymbol{U}_s$ 位于基本空间矢量 $\boldsymbol{U}_3$、$\boldsymbol{U}_4$ 所包围的扇区中，如图 4-12 所示，矢量作用时间可以由式（4-31）计算。

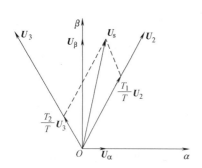

图 4-11 $\boldsymbol{U}_s$ 在扇区 II 和 $\boldsymbol{U}_\alpha$、$\boldsymbol{U}_\beta$
以及 $\boldsymbol{U}_2$、$\boldsymbol{U}_3$ 的对应关系

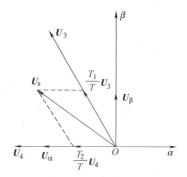

图 4-12 $\boldsymbol{U}_s$ 在扇区 III 和 $\boldsymbol{U}_\alpha$、$\boldsymbol{U}_\beta$ 以及
$\boldsymbol{U}_3$、$\boldsymbol{U}_4$ 的对应关系

$$\begin{cases} \mid \boldsymbol{U}_\alpha \mid = -\dfrac{T_1}{T} \mid \boldsymbol{U}_3 \mid \cos 60° - \dfrac{T_2}{T} \mid \boldsymbol{U}_4 \mid \\[2mm] \mid \boldsymbol{U}_\beta \mid = \dfrac{T_1}{T} \mid \boldsymbol{U}_3 \mid \sin 60° \end{cases} \tag{4-31}$$

可得

$$T_1 = \frac{T}{U_d} \mid \boldsymbol{U}_\beta \mid \frac{2}{\sqrt{3}} \tag{4-32}$$

$$T_2 = -\frac{T}{U_d} \left(\mid \boldsymbol{U}_\alpha \mid + \frac{1}{\sqrt{3}} \mid \boldsymbol{U}_\beta \mid \right) \tag{4-33}$$

如果 $\boldsymbol{U}_s$ 位于基本空间矢量 $\boldsymbol{U}_4$、$\boldsymbol{U}_5$ 所包围的扇区中，如图 4-13 所示，矢量作用时间可以由式（4-34）计算。

$$\begin{cases} |\boldsymbol{U}_\alpha| = -\dfrac{T_1}{T}|\boldsymbol{U}_4| - \dfrac{T_2}{T}|\boldsymbol{U}_5|\cos 60° \\[3mm] |\boldsymbol{U}_\beta| = -\dfrac{T_2}{T}|\boldsymbol{U}_5|\sin 60° \end{cases} \tag{4-34}$$

可得

$$T_2 = -\frac{T}{U_d}|\boldsymbol{U}_\beta|\frac{2}{\sqrt{3}} \tag{4-35}$$

$$T_1 = -\frac{T}{U_d}\left(|\boldsymbol{U}_\alpha| - \frac{1}{\sqrt{3}}|\boldsymbol{U}_\beta|\right) \tag{4-36}$$

如果 $\boldsymbol{U}_s$ 位于基本空间矢量 $\boldsymbol{U}_5$、$\boldsymbol{U}_6$ 所包围的扇区中，如图 4-14 所示，矢量作用时间可以由式 (4-37) 计算。

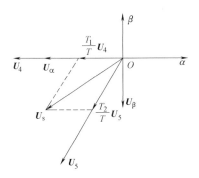

图 4-13 $\boldsymbol{U}_s$ 在扇区Ⅳ和 $\boldsymbol{U}_\alpha$、$\boldsymbol{U}_\beta$ 以及 $\boldsymbol{U}_4$、$\boldsymbol{U}_5$ 的对应关系

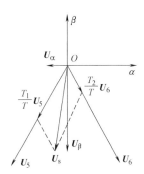

图 4-14 $\boldsymbol{U}_s$ 在扇区Ⅴ和 $\boldsymbol{U}_\alpha$、$\boldsymbol{U}_\beta$ 以及 $\boldsymbol{U}_5$、$\boldsymbol{U}_6$ 的对应关系

$$\begin{cases} |\boldsymbol{U}_\alpha| = -\dfrac{T_1}{T}|\boldsymbol{U}_5|\cos 60° + \dfrac{T_2}{T}|\boldsymbol{U}_6|\cos 60° \\[3mm] |\boldsymbol{U}_\beta| = -\dfrac{T_1}{T}|\boldsymbol{U}_5|\sin 60° - \dfrac{T_2}{T}|\boldsymbol{U}_6|\sin 60° \end{cases} \tag{4-37}$$

可得

$$T_1 = -\frac{T}{U_d}\left(|\boldsymbol{U}_\alpha| + \frac{1}{\sqrt{3}}|\boldsymbol{U}_\beta|\right) \tag{4-38}$$

$$T_2 = \frac{T}{U_d}\left(|\boldsymbol{U}_\alpha| - \frac{1}{\sqrt{3}}|\boldsymbol{U}_\beta|\right) \tag{4-39}$$

如果 $\boldsymbol{U}_s$ 位于基本空间矢量 $\boldsymbol{U}_6$、$\boldsymbol{U}_1$ 所包围的扇区中，如图 4-15 所示，矢量作用时间可以由式 (4-40) 计算。

$$\begin{cases} |\boldsymbol{U}_\alpha| = -\dfrac{T_1}{T}|\boldsymbol{U}_6|\cos 60° + \dfrac{T_2}{T}|\boldsymbol{U}_1| \\[3mm] |\boldsymbol{U}_\beta| = -\dfrac{T_1}{T}|\boldsymbol{U}_6|\sin 60° \end{cases} \tag{4-40}$$

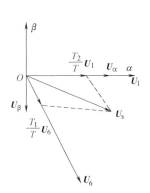

图 4-15 $\boldsymbol{U}_s$ 在扇区Ⅵ和 $\boldsymbol{U}_\alpha$、$\boldsymbol{U}_\beta$ 以及 $\boldsymbol{U}_6$、$\boldsymbol{U}_1$ 的对应关系

可得

$$T_1 = -\frac{T}{U_d}\frac{2}{\sqrt{3}}\mid U_\beta \mid \qquad\qquad (4\text{-}41)$$

$$T_2 = \frac{T}{U_d}\left(\mid U_\alpha \mid + \frac{1}{\sqrt{3}}\mid U_\beta \mid \right) \qquad\qquad (4\text{-}42)$$

如果定义 X、Y、Z 为

$$X = T\mid U_\beta \mid \frac{2}{\sqrt{3}\,U_d}$$

$$Y = \frac{T}{U_d}\left(\mid U_\alpha \mid + \frac{1}{\sqrt{3}}\mid U_\beta \mid \right)$$

$$Z = \frac{T}{U_d}\left(-\mid U_\alpha \mid + \frac{1}{\sqrt{3}}\mid U_\beta \mid \right)$$

在前面的分析中,当矢量 U_s 位于基本空间矢量 U_1、U_2 所包围的扇区(扇区 I)时,可得 $T_1 = -Z$, $T_2 = X$;当矢量 U_s 位于基本空间矢量 U_2、U_3 所包围的扇区(扇区 II)时,可得 $T_1 = Y$, $T_2 = Z$。同理,当 U_s 位于其他空间矢量所包围的扇区时,相应的 T_1 和 T_2 也可以用 X、Y 或 Z 表示,它们的对应关系见表 4-2。

表 4-2　扇区与作用时间 T_1 和 T_2 的关系

扇区	I	II	III	IV	V	VI
T_1	$-Z$	Y	X	Z	$-Y$	$-X$
T_2	X	Z	$-Y$	$-X$	$-Z$	Y

注:T_1 表示前一矢量的作用时间,T_2 表示后一矢量的作用时间。

由期望输出电压矢量的幅值及位置可确定相邻的两个基本电压矢量及其作用时间,并由此得出零矢量的作用时间,但尚未确定它们的作用顺序。这就给 SVPWM 的实现留下了很大的余地,通常以开关损耗较小和谐波分量较小为原则,安排基本矢量和零矢量的作用顺序,一般在减少开关次数的同时,尽量使 PWM 输出波形对称,以减少谐波分量。下面针对基本电压矢量作用顺序介绍两种常用的实现方法。

2. 基本电压矢量作用顺序

有两种方法可以实现基本电压矢量作用顺序的确定,具体如下。

(1)7 段式 SVPWM

以减少开关次数为目标,将基本矢量作用顺序的分配原则选定为:在每次开关状态转换时,只改变其中一相的开关状态,并且对零矢量在时间上进行平均分配,以使产生的 PWM 对称,从而有效地降低 PWM 的谐波分量。当 U_1(100)切换至 U_0(000)时,只需改变 A 相上下一对切换开关,若由 U_1(100)切换至 U_7(111)则需改变 B、C 相上下两对切换开关,增加了一倍的切换损失。因此要改变 U_1(100)、U_3(010)、U_5(001)的大小,需配合零电压矢量 U_0(000),而要改变 U_2(110)、U_4(011)、U_6(101)的大小,需配合零电压矢量 U_7(111)。这样通过在不同区间内安排不同的开关切换顺序,就可以获得对称的输出波形,其他各扇区的开关切换顺序见表 4-3。

表 4-3　U_s 所在的位置和开关切换顺序对照序

U_s 所在的位置	开关切换顺序	三相波形图
扇区 I （$0° \leqslant \theta < 60°$）	…0-1-2-7-7-2-1-0…	见下表 I
扇区 II （$60° \leqslant \theta < 120°$）	…0-3-2-7-7-2-3-0…	见下表 II
扇区 III （$120° \leqslant \theta < 180°$）	…0-3-4-7-7-4-3-0…	见下表 III
扇区 IV （$180° \leqslant \theta < 240°$）	…0-5-4-7-7-4-5-0…	见下表 IV

扇区 I 三相波形图（周期 T）

0	1	1	1	1	1	1	0
0	0	1	1	1	1	0	0
0	0	0	0	1	0	0	0
U_0	U_1	U_2	U_7	U_7	U_2	U_1	U_0
$T_0/4$	$T_1/2$	$T_2/2$	$T_0/4$	$T_0/4$	$T_2/2$	$T_1/2$	$T_0/4$

扇区 II 三相波形图（周期 T）

0	0	1	1	1	1	0	0
0	1	1	1	1	1	1	0
0	0	0	1	1	0	0	0
U_0	U_3	U_2	U_7	U_7	U_2	U_3	U_0
$T_0/4$	$T_2/2$	$T_1/2$	$T_0/4$	$T_0/4$	$T_1/2$	$T_2/2$	$T_0/4$

扇区 III 三相波形图（周期 T）

0	0	0	1	1	0	0	0
0	1	1	1	1	1	1	0
0	0	1	1	1	1	0	0
U_0	U_3	U_4	U_7	U_7	U_4	U_3	U_0
$T_0/4$	$T_1/2$	$T_2/2$	$T_0/4$	$T_0/4$	$T_2/2$	$T_1/2$	$T_0/4$

扇区 IV 三相波形图（周期 T）

0	0	0	1	1	0	0	0
0	0	1	1	1	1	0	0
0	1	1	1	1	1	1	0
U_0	U_5	U_4	U_7	U_7	U_4	U_5	U_0
$T_0/4$	$T_2/2$	$T_1/2$	$T_0/4$	$T_0/4$	$T_1/2$	$T_2/2$	$T_0/4$

（续）

U_s 所在的位置	开关切换顺序	三相波形图
扇区 V （$240° \leqslant \theta < 300°$）	···0-5-6-7-7-6-5-0···	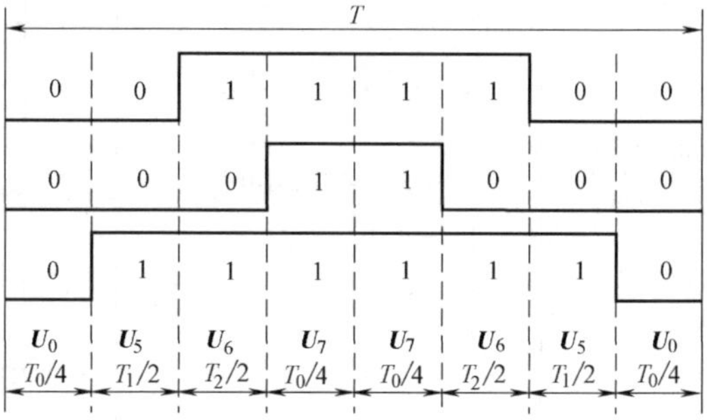 T 0 0 1 1 1 1 0 0 0 0 0 1 1 0 0 0 0 1 1 1 1 1 1 0 $U_0\ T_0/4$ | $U_5\ T_1/2$ | $U_6\ T_2/2$ | $U_7\ T_0/4$ | $U_7\ T_0/4$ | $U_6\ T_2/2$ | $U_5\ T_1/2$ | $U_0\ T_0/4$
扇区 VI （$300° \leqslant \theta < 360°$）	···0-1-6-7-7-6-1-0···	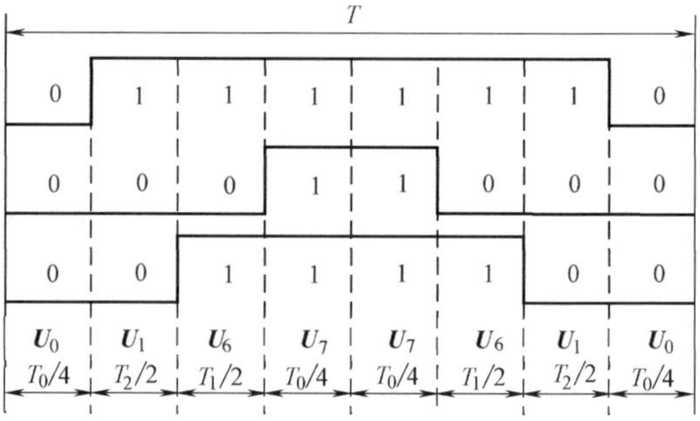 T 0 1 1 1 1 1 1 0 0 0 0 1 1 0 0 0 0 0 1 1 1 1 0 0 $U_0\ T_0/4$ | $U_1\ T_2/2$ | $U_6\ T_1/2$ | $U_7\ T_0/4$ | $U_7\ T_0/4$ | $U_6\ T_1/2$ | $U_1\ T_2/2$ | $U_0\ T_0/4$

以第 I 扇区为例，其所产生的三相波调制波形在一个开关周期 T 内如表 4-3 中三相波形图所示，图中电压矢量出现的先后顺序为 U_0、U_1、U_2、U_7、U_7、U_2、U_1、U_0，各电压矢量的三相波形与表 4-3 中的开关表示符号相对应。再下一个 T 时段，U_s 增加一个角度，利用基本电压矢量作用时间的计算方法可以重新计算新的 T_0、T_1、T_2 值，得到新的合成三相波形。这样每一个载波周期 T 就会合成一个新的矢量，随着 θ 的逐渐增大，U_s 将依序进入第 I 、 II 、 III 、 IV 、 V 、 VI 扇区。

（2）5 段式 SVPWM

对 7 段式 SVPWM 而言，波形对称，谐波含量较小，但是每个开关周期有 6 次开关切换，为了进一步减少开关次数，采用一相开关在一个扇区状态维持不变的序列安排，使得每个开关周期只有 4 次开关切换，但是会增大谐波含量。但 5 段式 SVPWM 可以通过 CPU 内部硬件功能实现，具体开关顺序安排见表 4-4。

3. 合成电压矢量所处扇区的判断

下面分析实现 SVPWM 的关键的第三个方面问题，即判断电压矢量旋转到哪个区域，也有两种方法实现。

（1）第一种计算方法

表 4-4　U_s 所在的位置和开关切换顺序对照序

U_s 所在的位置	开关切换顺序	三相波形图
扇区 Ⅰ （$0° \leqslant \theta < 60°$）	⋯1-2-7-7-2-1⋯	
扇区 Ⅱ （$60° \leqslant \theta < 120°$）	⋯3-2-7-7-2-3⋯	
扇区 Ⅲ （$120° \leqslant \theta < 180°$）	⋯3-4-7-7-4-3⋯	

（续）

U_s 所在的位置	开关切换顺序	三相波形图
扇区 Ⅳ （$180° \leqslant \theta < 240°$）	···5-4-7-7-4-5···	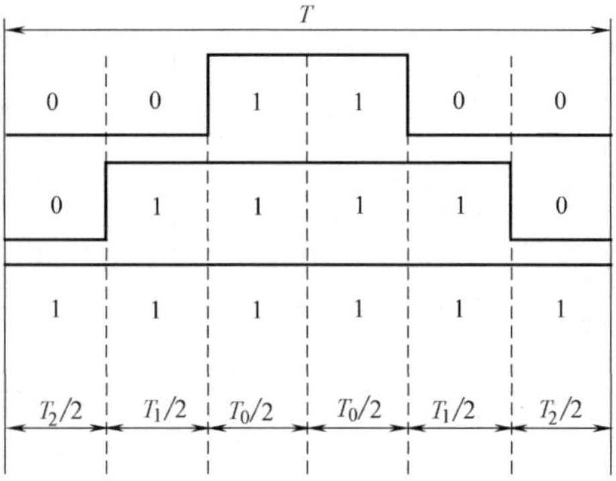 第一相：0 0 1 1 0 0；第二相：0 1 1 1 1 0；第三相：1 1 1 1 1 1 时间：$T_2/2$ $T_1/2$ $T_0/2$ $T_0/2$ $T_1/2$ $T_2/2$
扇区 Ⅴ （$240° \leqslant \theta < 300°$）	···5-6-7-7-6-5···	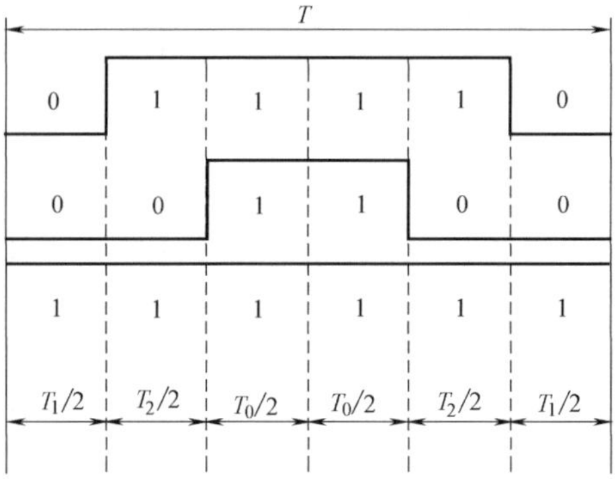 第一相：0 1 1 1 1 0；第二相：0 0 1 1 0 0；第三相：1 1 1 1 1 1 时间：$T_1/2$ $T_2/2$ $T_0/2$ $T_0/2$ $T_2/2$ $T_1/2$
扇区 Ⅵ （$300° \leqslant \theta < 360°$）	···1-6-7-7-6-1···	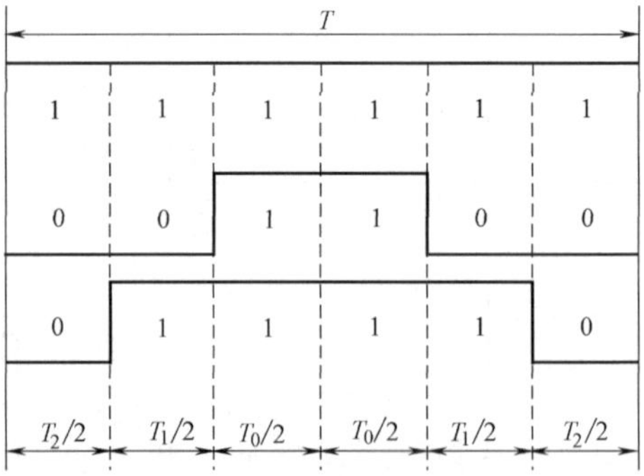 第一相：1 1 1 1 1 1；第二相：0 0 1 1 0 0；第三相：0 1 1 1 1 0 时间：$T_2/2$ $T_1/2$ $T_0/2$ $T_0/2$ $T_1/2$ $T_2/2$

　　直接求角度得到合成电压矢量所处的扇区，在编程中可以通过简便的方法求得，如 $360°$ 在程序中以 6144（1100000000000B）表示，则 $60°$、$120°$、$180°$、$240°$、$300°$ 是以 1024（10000000000B）、2048（100000000000B）、3072（110000000000B）、4096（1000000000000B）、5120（1010000000000B）表示，可以看到当角度在不同扇区时，角度的数值右移 10 位后数值，得到扇区 Ⅰ、Ⅱ、Ⅲ、Ⅳ、Ⅴ、Ⅵ。

　　（2）第二种计算方法

由 U_α 和 U_β 所决定的空间电压矢量判断所处的扇区。假定合成的电压矢量落在第 I 扇区，可知其等价条件为

$$0° < \arctan(|U_\beta|/|U_\alpha|) < 60°$$

以上等价条件再结合矢量图几何关系分析，可以判断出合成电压矢量落在第几扇区的充分必要条件，进一步分析，可看出参考电压矢量 U_s 所在的扇区完全由 U_β、$\dfrac{\sqrt{3}}{2}U_\alpha - \dfrac{U_\beta}{2}$、$-\dfrac{\sqrt{3}}{2}U_\alpha - \dfrac{U_\beta}{2}$ 三项决定，因此令

$$
\begin{cases}
U_x = U_\beta \\[2mm]
U_y = \dfrac{\sqrt{3}}{2}U_\alpha - \dfrac{U_\beta}{2} \\[2mm]
U_z = -\dfrac{\sqrt{3}}{2}U_\alpha - \dfrac{U_\beta}{2}
\end{cases}
\tag{4-43}
$$

由式（4-43）计算 A、B、C，再令 $N = 4C + 2B + A$，其中 $U_x > 0$，则 $A = 1$，否则 $A = 0$；$U_y > 0$，则 $B = 1$，否则 $B = 0$；$U_z > 0$，则 $C = 1$，否则 $C = 0$，则可以通过表4-5计算参考电压矢量 U_s 所在的扇区。

表 4-5　N 值与扇区对应关系

N	3	1	5	4	6	2
扇区号	I	II	III	IV	V	VI

采用上述方法，只需经过简单的加减及逻辑运算即可确定合成电压矢量所在的扇区，对于提高系统的响应速度和进行仿真都是很有意义的。

4. 总结

实现 SVPWM 的关键三个方面问题都有两种方法解决，总结见表4-6。

表 4-6　实现 SVPWM 的关键三个方面问题的两种方法总结

需解决的问题	第一种方法	第二种方法
基本电压作用时间计算	直接根据公式： $T_1 = \dfrac{u_s T}{U_d}\left(\cos\theta - \dfrac{1}{\sqrt{3}}\sin\theta\right) = \dfrac{2u_s}{\sqrt{3}\,U_d}$ $T\sin\left(\dfrac{\pi}{3} - \theta\right)$ $T_2 = \dfrac{u_s T}{U_d}\dfrac{\sin\theta}{\sin\dfrac{\pi}{3}} = \dfrac{2u_s T}{\sqrt{3}\,U_d}\sin\theta$	根据 α、β 电压计算 X、Y、Z： $X = TU_\beta\dfrac{2}{\sqrt{3}\,U_d}$ $Y = \dfrac{T}{U_d}\left(U_\alpha + \dfrac{1}{\sqrt{3}}U_\beta\right)$ $Z = \dfrac{T}{U_d}\left(-U_\alpha + \dfrac{1}{\sqrt{3}}U_\beta\right)$ 再查表得到
扇区判断方法	直接由角度得到扇区号	根据 $\begin{cases}U_1 = U_\beta \\ U_2 = \dfrac{\sqrt{3}}{2}U_\alpha - \dfrac{U_\beta}{2} \\ U_3 = -\dfrac{\sqrt{3}}{2}U_\alpha - \dfrac{U_\beta}{2}\end{cases}$ 判断 A、B、C 的值，再由 $N = 4C + 2B + A$ 得到扇区号
基本电压作用顺序安排	7段式 SVPWM	5段式 SVPWM

4.3 SVPWM 编程实例

从前面的分析知道，要编程实现 SVPWM，须解决 SVPWM 的关键问题，SVPWM 关键问题的解决有多种实现方法，因此在实际编程实现 SVPWM 方法中，可以看到很多不同的组合方法，下面给出较常用的实现方法。

采用 7 段式 SVPWM 方法，也称软件法，并且基本电压矢量作用时间的计算采用直接根据公式计算，扇区号由角度移位得到，具体实现步骤如下。

1. 基本电压矢量作用时间的计算

基本电压矢量作用时间采用以下公式计算：

$$T_1 = \frac{u_s T}{U_d}\left(\cos\theta - \frac{1}{\sqrt{3}}\sin\theta\right) = \frac{2u_s}{\sqrt{3}\,U_d}T\sin\left(\frac{\pi}{3}-\theta\right) \tag{4-44}$$

$$T_2 = \frac{u_s T}{U_d}\frac{\sin\theta}{\sin\dfrac{\pi}{3}} = \frac{2u_s T}{\sqrt{3}\,U_d}\sin\theta \tag{4-45}$$

定义调制度为

$$M = \frac{2u_s}{\sqrt{3}\,U_d} = \frac{u_s}{\dfrac{\sqrt{3}}{2}U_d} = \frac{u_s}{U_d'} \tag{4-46}$$

由于直流母线电压 $U_d = \sqrt{2}\,U_{in}$（U_{in} 为电压峰值有效值），$U_d' = \dfrac{\sqrt{3}}{2}U_d = \dfrac{\sqrt{3}}{2}\times\sqrt{2}\,U_{in} = \sqrt{\dfrac{3}{2}}\,U_{in}$，因此计算调制度为

$$M_D = M\times 2^{12} = 2^{12}\times\frac{u_s}{U_d'}\ (\text{调制度的 Q12 格式}) \tag{4-47}$$

则

$$T_1 = \frac{2u_s}{\sqrt{3}\,U_d}T\sin\left(\frac{\pi}{3}-\theta\right) = MT\sin\left(\frac{\pi}{3}-\theta\right) \tag{4-48}$$

$$T_2 = \frac{2u_s}{\sqrt{3}\,U_d}T\sin\theta = MT\sin\theta \tag{4-49}$$

2. 扇区计算

根据合成电压矢量的角度右移 10 位，即 $Sector = \theta >> 10$，其中 $Sector$ 变量为扇区（也可右移 11 位，判断的数字改变而已）。

3. 扇区内的角度

在计算基本电压矢量作用时间时要用到合成电压矢量在扇区内的角度，该角度的计算式为 $\theta = \theta \% 60°$

4. 三相比较寄存器的值的计算

第 I 扇区三相比较寄存器的值：

$$\begin{cases} T_A = \dfrac{1}{4}(T - T_1 - T_2) \\[2mm] T_B = T_A + \dfrac{1}{2}T_1 \\[2mm] T_C = T_B + \dfrac{1}{2}T_2 \end{cases} \tag{4-50}$$

第 II 扇区三相比较寄存器的值：

$$\begin{cases} T_{\mathrm{B}} = \dfrac{1}{4}\left(T - T_1 - T_2\right) \\[2mm] T_{\mathrm{A}} = T_{\mathrm{B}} + \dfrac{1}{2}T_2 \\[2mm] T_{\mathrm{C}} = T_{\mathrm{A}} + \dfrac{1}{2}T_1 \end{cases} \tag{4-51}$$

第 III 扇区三相比较寄存器的值：

$$\begin{cases} T_{\mathrm{B}} = \dfrac{1}{4}\left(T - T_1 - T_2\right) \\[2mm] T_{\mathrm{C}} = T_{\mathrm{B}} + \dfrac{1}{2}T_1 \\[2mm] T_{\mathrm{A}} = T_{\mathrm{C}} + \dfrac{1}{2}T_2 \end{cases} \tag{4-52}$$

第 IV 扇区三相比较寄存器的值：

$$\begin{cases} T_{\mathrm{C}} = \dfrac{1}{4}\left(T - T_1 - T_2\right) \\[2mm] T_{\mathrm{B}} = T_{\mathrm{C}} + \dfrac{1}{2}T_2 \\[2mm] T_{\mathrm{A}} = T_{\mathrm{B}} + \dfrac{1}{2}T_1 \end{cases} \tag{4-53}$$

第 V 扇区三相比较寄存器的值：

$$\begin{cases} T_{\mathrm{C}} = \dfrac{1}{4}\left(T - T_1 - T_2\right) \\[2mm] T_{\mathrm{A}} = T_{\mathrm{C}} + \dfrac{1}{2}T_1 \\[2mm] T_{\mathrm{B}} = T_{\mathrm{A}} + \dfrac{1}{2}T_2 \end{cases} \tag{4-54}$$

第 VI 扇区三相比较寄存器的值：

$$\begin{cases} T_{\mathrm{A}} = \dfrac{1}{4}\left(T - T_1 - T_2\right) \\[2mm] T_{\mathrm{C}} = T_{\mathrm{A}} + \dfrac{1}{2}T_2 \\[2mm] T_{\mathrm{B}} = T_{\mathrm{C}} + \dfrac{1}{2}T_1 \end{cases} \tag{4-55}$$

5. 实际编程

根据上面的计算，首先定义函数。根据电压矢量的控制要求确定了 Thita、Us_ value 两个参数，这两个参数分别是电压空间矢量的角度、幅值，并且确定 PWM 的周期，就可通过下面的函数得到三组输出的占空比以产生 SVPWM 信号。

```
void svpwm( )
{
```

```
MD = ( int ) ( Us_value * 4096/ED ) ;//Q12
Sector = Thita>>11;//确定扇区
Thita_in_sector = Thita-( Sector≪11 ) ;
Sin_value1 = SinTable[ Thita_in_sector ] ;
Int_Tmep_value1 = Degree60-Thita_in_sector;
Sin_value2 = SinTable[ Int_Tmep_value1 ] ;
if( MD>4096)
{
    MD = 4096;
}
Tm_temp = ( MD * Sin_value1 )>>15;
T2_temp = ( MD * Sin_value2 )>>15;
Tm = ( Tm_temp * pwm_pr )>>12;
T1 = ( T2_temp * pwm_pr )>>12;//t1
switch ( Sector )
{
case   0:
            TA = ( pwm_pr-T1-Tm )>>1;    //由于采用定时器的向上/向下计数模式
               if( TA<0)                  //因此PWM、Pr为周期的一半,所以这里
               {                          //右移1位( 即除2)
                 TA = 0;
               }
            TB = TA+T1;
            TC = TB+Tm;
            break;
        case   1:
            TB = ( pwm_pr-T1-Tm )>>1;
               if( TB<0)
               {
                   TB = 0;
               }
            TA = TB+Tm;
            TC = TA+T1;
            break;
        case   2:
            TB = ( pwm_pr-T1-Tm )>>1;
                if( TB<0)
                   {
                       TB = 0;
```

```
            }
        TC = TB+T1;
        TA = TC+Tm;
        break;
    case  3:
        TC = ( pwm_pr-T1-Tm) >>1;
        if( TC<0)
            {
                TC = 0;
            }
        TB = TC+Tm;
        TA = TB+T1;
        break;
    case  4:
        TC = ( pwm_pr-T1-Tm) >>1;
          if( TC<0)
            {
                TC = 0;
            }
        TA = TC+T1;
        TB = TA+Tm;
        break;
    case  5:
        TA = ( pwm_pr-T1-Tm) >>1;
          if( TA<0)
            {
                TA = 0;
            }
      TC = TA+Tm;
      TB = TC+T1;
      break;
    }
if( TA>pwm_pr)
{
TA = pwm_pr;
}
if( TB>pwm_pr)
{
TB = pwm_pr;
```

```
        }
    if( TC>pwm_pr)
    {
    TC = pwm_pr;
    }

        if( speed_ref>0)
        {
        TIM1->CCER& = 0xfffd;          //有效电平设置
        TIM1->CCER& = 0xffdf;
        TIM1->CCER& = 0xfdff;
        TIM1->CCR1 = pwm_pr-TA;
        TIM1->CCR2 = pwm_pr-TB;
        TIM1->CCR3 = pwm_pr-TC;
        }
        else if( speed_ref = = 0)
        {
        TIM1->CCR1 = pwm_pr;
        TIM1->CCR2 = pwm_pr;//所有开关管关闭
        TIM1->CCR3 = pwm_pr;
        TIM1->CCER| = 1<<3;            //有效电平设置
        TIM1->CCER| = 1<<7;
        TIM1->CCER| = 1<<11;
        TIM1->CCER| = 1<<1;            //有效电平设置
        TIM1->CCER| = 1<<5;
        TIM1->CCER| = 1<<9;
            }

        }
```

在 PWM 下溢中断可调用 SVPWM( )函数。

......

```
Ud = ACMR_PI( );
Uq = ACTR_PI( );
RP_transformation( );//US    Thita_dq
Thita = thita_ZhuanZi+Thita_dq;
......
Svpwm( Thita,Us_value,T12_PR);
......
```

习题和思考题

1. 绘出三相平衡正弦电压合成矢量的轨迹。

2. 三相逆变器输出基本电压矢量的个数是多少？它们之间关系如何？

3. 当需要得到的电压矢量不是基本电压矢量时，应该怎么办？

4. 实现 SVPWM 的关键三个方面问题是什么？

5. 写出基本电压矢量作用时间的计算式子。

6. 7 段式 SVPWM 在第 I 扇区时的驱动波形如图 4-16 所示，它是什么驱动波形？为什么只有三路？时间范围是什么？在此之前之后的波形如何？

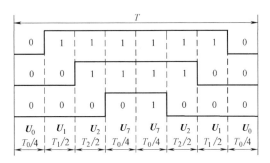

图 4-16　驱动波形

7. 第I扇区三相比较寄存器的值的计算如下，但在程序中 TA=（pwm_ pr−T1−Tm）>>1，二者有 2 倍关系，为什么？

$$
\begin{cases}
T_A = \dfrac{1}{4}(T - T_1 - T_2) \\[2mm]
T_B = T_A + \dfrac{1}{2}T_1 \\[2mm]
T_C = T_B + \dfrac{1}{2}T_2
\end{cases}
$$

8. void svpwm（ ）是一个函数，完成定时器比较寄存器的计算，问这一函数在什么时候执行？

第5章

无刷直流电动机控制技术

5.1 无刷直流电动机的结构和工作原理

5.1.1 无刷直流电动机的结构

无刷直流电动机的定子是由定子冲片（钢片叠加而成）和放置在各个槽中的绕组组成的，如图5-1所示。一般无刷直流电动机的定子结构和异步电动机的定子结构基本是相同的，不同只是绕组的分布方式。大部分无刷直流电动机的三相绕组是联结成星形的，每相绕组都是由若干个线圈组成的，每极下的绕组数目都是均等的。

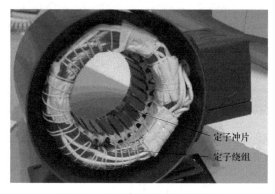

图 5-1　无刷直流电动机的定子

无刷直流电动机的转子是由永磁体组成的，磁钢的磁极 N 和 S 是交替放置的。根据所需要的磁场密度选择合适的永磁体。铁氧体是很常用的永磁体，随着科技的不断进步，稀土永磁体应用越来越广泛。铁氧体永磁材料和稀土永磁体相比，价格比较低廉，但是磁通密度低，而稀土永磁体价格高，但是它的最大磁能积大、剩磁高、矫顽力强。在同样尺寸下，稀土永磁体比铁氧体得到更大的转矩。钐钴永磁体和钕铁硼永磁体是稀土永磁体中的代表。转子中永磁体的结构有多种，图5-2所示为几种不同的转子磁极结构。

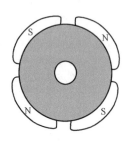

a) 表面式转子结构

b) 轴向内置式转子结构

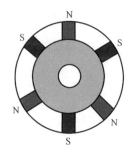

c) 径向内置式转子结构

图 5-2　无刷直流电动机的几种转子结构

与有刷直流电动机不同，无刷直流电动机的换相是电子控制的。无刷直流电动机在运行时，必须按一定顺序给定子绕组通电，如果已知转子的位置就可以在定子绕组上加相应的电流。目前无刷直流电动机的转子位置是通过安装在定子上的霍尔传感器检测的，图 5-3 是一个无刷直流电动机的结构示意图，霍尔传感器固定在电动机定子上。大部分无刷直流电动机中嵌有 3 个霍尔传感器。当转子永磁体磁极经过霍尔传感器时，传感器就会给出一个高电平或低电平，表明 N 极或 S 极经过，根据霍尔传感器得到的信号可以确定电动机的位置。

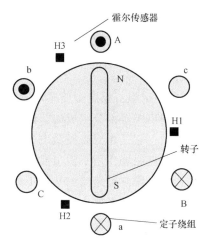

图 5-3　无刷直流电动机的结构示意图

5.1.2　无刷直流电动机的霍尔传感器位置检测

由前面的分析可知，无刷直流电动机正常工作的关键是在定子上安装有霍尔传感器，它的信号检测直接影响电动机的正常工作。位置传感器的种类很多，有电磁式、光电式、磁敏式等。

它们各具特点，然而由于磁敏式霍尔位置传感器具有结构简单、体积小、安装灵活方便、易于机电一体化等优点，目前得到越来越广泛的应用。磁敏式传感器是一种以磁场激发的磁敏元器件，磁敏传感器的种类很多，有磁阻元件、磁敏二极管、磁敏三极管、磁抗元件、方向性磁电元件、霍尔元件、霍尔集成电路，以及利用这些元器件二次集成的磁电转换组件。其中以霍尔效应原理构成的霍尔元件、霍尔集成电路、霍尔组件统称为霍尔效应磁敏传感器，简称霍尔传感器。

1. 霍尔传感器的工作原理

1879 年美国霍普金斯大学的霍尔发现，当磁场中的导体有电流通过时，其横向不仅受到力的作用，同时还出现电压。这个现象后来称为霍尔效应。随后人们又发现，不仅是导体，而且在半导体中也存在霍尔效应，并且霍尔电势更明显，这是由于半导体有比导体更大的霍尔系数的缘故。

我们知道，任何带电粒子在磁场中沿着与磁力线垂直的方向运动时，都要受到磁场的作用力，该力称为洛伦兹力。下面考虑在一长方形半导体薄片上加上电场后的情况。在没有外加磁场时，电子沿外加电场 E_x 的相反方向运动，形成一股沿电场方向的电流 I。当加以与外电场垂直的磁场 B 时，运动着的电子受到洛伦兹力的作用将偏移，并在该侧面形成电荷积累。由于该电荷的积累产生了新的电场，称为霍尔电场。该电场使电子在受到洛伦兹力的同时还受到与它相反的电场力的作用。随着半导体横向方向边缘上的电荷积累不断增加，霍尔电场力也不断增大。它逐渐抵消了洛伦兹力，使电子不再发生偏移，从而使电子又恢复到原有的方向无偏移地运动，达到新的稳定状态。然而，与无磁场时不同的是，在半导体两侧产生了一电场，这个霍尔电场的积分，就在元件两侧间显示出电压，称为霍尔电压，就是所谓的霍尔效应。根据霍尔效应将霍尔元件与半导体集成电路一起制作在同一块硅外延片上，就构成了霍尔集成电路。

2. 霍尔传感器的分类

霍尔传感器按其功能和应用可分为线性型、开关型、锁定型三种。

1）线性型：线性型传感器是由电压调整器、霍尔元件、差分放大器、输出级等部分组成的。输入为线性变化的磁感应强度，得到与磁感应强度呈线性关系的输出电压。它可用于磁场测量、非接触测距、黑色金属检测等。

2）开关型：开关型传感器是由电压调整器、霍尔元件、差分放大器、施密特触发器和输出级等部分组成的。输入为磁感应强度，输出为数字信号。这种开关的导通和截止过程只和外界磁感应强度的大小有关，而不需要磁场极性的变换。它的磁滞回线相对于零磁场轴是非对称的。

3）锁定型：锁定型传感器同样也是由电压调整器、霍尔元件、差分放大器、施密特触发器、输出级等部分组成的。锁定型传感器实质上也是一种开关型器件，与一般霍尔开关的差别在于，它是由双磁极激发的。由于双磁极霍尔锁定器的磁滞回线相对于零磁场轴是对称的，在交变磁场作用下输出波形可得到 1∶1 的占空比，且不受外界温度及交变磁场峰值大小的影响。霍尔锁定器的基本工作过程：当外界磁场方向为正时，霍尔元件的差分输出电压为正，这个电压经放大器放大后作为触发器的触发信号。当信号电压随外界磁感应强度的增强而增加，达到触发器导通电压阈值时，电路的输出随之由高电平变为低电平。此后，如果外界磁感应强度继续增加，触发器维持导通状态不变。由于触发器的导通和截止电压阈值的设计是对称的，所以当外界磁感应强度减弱时，触发器仍维持导通状态。只有当外界磁场改变极性并达到一定强度时，霍尔元件输出的负触发信号达到触发器的截止阈值电压，触发器才由导通跃变为截止，因而磁场的极性每变换一次，电路的输出就完成一次开关转换。

3. 霍尔位置传感器的基本功能

若干个霍尔元件按一定的间隔等距离地安装在电动机定子上，以检测电动机转子的位置。位置传感器的基本功能是在电动机的每一个电周期内，产生出所要求的开关状态数。也就是说，电动机的永磁转子每转过一对磁极（N、S 极）的转角，就要产生出与电动机逻辑分配状态相对应的开关状态数，以完成电动机的一个换流全过程。如果转子充磁的极对数越多，则在 360° 机械角度内完成该换流全过程的次数也就越多。

要构成一个霍尔位置传感器必须满足以下两个条件：

1）位置传感器在一个电周期内所产生的开关状态是不重复的，每一个开关状态所占的电角度应相等。

2）位置传感器在一个电周期内所产生的开关状态数应和电动机的工作状态数相对应。

如果位置传感器输出的开关状态能满足以上条件，那么总可以通过一定的逻辑变换将位置传感器的开关状态与电动机的换相状态对应起来，进而完成绕组导通切换。

然而，对于每一种组合的霍尔位置传感器并非都能满足上述要求。先以一个由相互间隔为 60° 电角度的 3 个霍尔元件 H1、H2、H3 所组成的霍尔位置传感器为例，图 5-4 所示为霍尔元件输出波形。

由前面所述的锁定型霍尔开关元件的原理可知，在一个电周期内，即转子的一对磁极转角内，当其感受 N 及 S

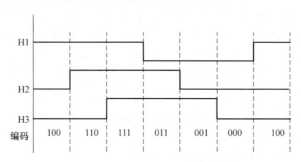

图 5-4　60° 信号模式的霍尔元件输出波形

两个不同极性磁场的作用时，将呈现出"高电平"及"低电平"（或者相反）两个不同的状态，这两个不同的状态所占的电角度相等，各为180°。把3个相互错开60°电角度的波形组合在一起，就可以看出究竟能产生多少开关状态。由图5-4可以看出，这种组合的霍尔位置传感器能产生6个不同的开关，且所占的电角度都相等，各为60°，三相电动机的工作状态数为6种，这样的传感器能满足上述三相电动机的工作需求。

下面再以一个由相互间隔36°电角度的4个霍尔元件H1、H2、H3、H4所组成的霍尔位置传感器为例。由图5-5可以看到，这样的位置传感器尽管能产生10个开关状态，但其中有两个是重复的。换句话说，这个传感器只能产生8个开关状态，但其中有两个占的电角度与其他的不相等，因此这种组合的霍尔位置传感器就不能满足上述要求。

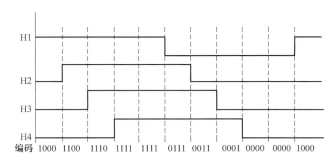

图 5-5　36°信号模式的霍尔元件输出波形

4. 霍尔位置传感器的设计

霍尔位置传感器的设计主要是确定霍尔元件的数目、它们之间相互间隔的位置角度以及安装的位置。

（1）霍尔元件数目的确定

开关型霍尔传感器是一个双值元件。一个双值元件仅有"0"和"1"两种状态，两个双值元件便有4个状态，而n个双值元件则可组成$2n$个状态。按照这样的规律，可以根据电动机的分配状态数确定所需霍尔元件的最少个数。例如，两相导通三相六状态的电动机，在一个电周期内需要6个不同的状态，两个霍尔元件产生不了6个状态，因而所需要的霍尔元件数起码是3个。而五相十状态电动机，所需的霍尔元件数起码是4个。

但是，上述规律仅仅是从理论上考虑一个多位双值系统能构成多少个不同的状态，只能在确定霍尔元件的个数时提供一个大致的范围，最后还必须使用上面所述的波形组合法，才能最终确定一个实际的位置传感器需要多少个霍尔元件。

（2）霍尔元件相隔的位置角

首先把每个霍尔元件所产生的波形等分成电动机所需要的逻辑分配状态数，然后把它们相互错开一定的位置角后组合在一起，倘若最终能产生所要求的开关状态数，则这个位置角就是可取的。

当然所得到的位置角并不是唯一的，图5-6是间隔120°电角度的3个霍尔元件的输出波形组合图及输出状态。比较图5-4和图5-6可以看出，两种情况都能产生出6个不同的状态，因此只要符合上述条件，都能构成位置传感器。图5-4和图5-6的霍尔传感器检测方式分别称为60°和120°信号模式，两种位置传感器安装方式在本质上是相同的，在电动机旋转过程中，都将360°电角度分割为6种状态，其中60°安装方式可以认为是将120°安装时的一个霍尔元件反转 180°安装，各元件换相时刻均相同。在换相控制中，将 3 个霍尔传感器的输出信号状态的组合作为状态控制变量，如在图 5-6 所示的第一个运行区间内状态控制变量为

H1 H2 H3（101）。在不同安装方式下各霍尔元件产生不一样的状态控制变量，在 120°安装方式下，3 个位置传感器信号组成的控制变量为 001～110；60°安装方式下，将出现 000 和 111 的状态变量，而缺失中间的两个状态。因而它们的换相控制表是有区别的，通过观察霍尔传感器是否出现 111 和 000 的状态就可以判定霍尔传感器是哪种安装方式。

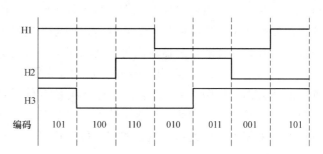

图 5-6　120°信号模式的霍尔元件输出波形

　　在确定霍尔元件间隔距离的过程中，始终是以电角度为单位的，事实上还必须把此转换为机械角度才能在实际无刷直流电动机中进行安装。

　　（3）安装位置

　　在实际应用中，霍尔传感器的安装还要考虑是否方便安装。图 5-7 是某公司为电动自行车配套生产的无刷直流电动机的霍尔传感器的安装示意图，无刷直流电动机采用 5 极对，每极对的电动机机械角度为 72°，如果在每一极对安装 3 个霍尔传感器，如采用 60°模式则霍尔传感器之间的角度为 12°，采用 120°模式则霍尔传感器之间的角度为 24°，由于角度较小及角度大小不规范，两种方式在实际应用中都不方便采用。在实际应用中，可以看到 3 个霍尔传感器相差 60°角度安装，这是怎么得到的呢？如图5-7所示，图 5-7b 是图 5-7a 的平面展开图，采用 60°信号模式，在一极对安装 3 个霍尔传感器，这 3 个霍尔传感器可以在第一极对，也可以在第二极对及第三极对等，每个霍尔传感器不管在哪一极对，只要它在极对的电角度相同，那传感器发出的信号都一

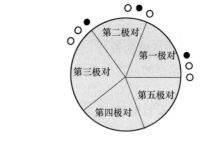

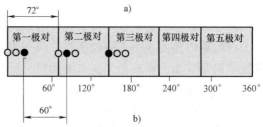

图 5-7　5 极对无刷直流电动机机械角度、
电角度及霍尔传感器位置关系图

样。这样，在 3 个极对分别取不同的位置，如图 5-7 中的 3 个小黑圈与在一个极对下安装的 3 个霍尔传感器输出的检测信号是一样的，3 个小黑圈互隔角度 60°，也是 3 个霍尔传感器实际安装角度。

5.1.3　无刷直流电动机的工作原理

　　了解了霍尔传感器的工作原理，下面分析无刷直流电动机是如何根据霍尔传感器检测信号，使得电动机转起来的。我们知道，电动机的电磁转矩是由定子的合成磁动势和转子永磁

磁场相互作用产生的。理论上来说，当定子的合成磁动势与转子永磁磁场在空间上相位相差90°时电磁转矩就达到其峰值，而在两磁场平行时最弱。为了保证电动机转动，由定子绕组产生的磁场应不断变换位置，因为转子会向着与定子磁场平行的方向旋转。下面来看一个简单的现象，在图 5-8a）中，当两头的线圈通上电流时，根据右手螺旋定则，会产生方向指向右的外加磁感应强度 B，而中间的转子会尽量使自己内部的磁力线方向与外磁力线方向一致，这样转子就会按顺时针方向旋转了。

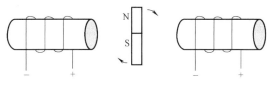

a) 转子在中间位置时的旋转情况

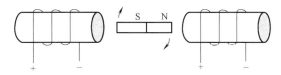

b) 转子在水平位置时的旋转情况

图 5-8　转子转动原理示意图

当转子转到水平位置时，虽然不再受到转动力矩的作用，但由于惯性原因，还会继续转动，此时若改变两头螺线管的电流方向，如图 5-8b）所示，转子会继续按顺时针方向转动。

以上是最简单的两相两级无刷电动机的工作原理，仅仅用来说明概念，下面来看比较普遍的无刷直流电动机的工作原理。

无刷直流电动机的控制框图如图 5-9 所示，主要由功率开关单元和霍尔位置传感器的信号检测与控制单元两部分组成。功率开关单元是电路的核心，其功能是将电源的功率以一定的逻辑关系分配给无刷直流电动机定子各相绕组，以便使电动机产生持续不断的转矩，而各相绕组导通的顺序和时间的控制主要取决于来自霍尔传感器的信号。

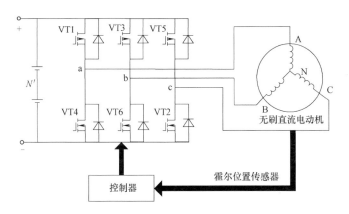

图 5-9　无刷直流电动机的控制框图

无刷直流电动机常采用两两导通模式，每只开关管导通电角度 120°，每时刻只有两相绕组导通，每隔 60°电角度就有一只开关管关断，另一只开关管导通，并且三相逆变电路上桥臂和下桥臂都只有一个功率开关器件导通，也就是运行过程中必有一相的上下两个功率开关器件始终处于关断状态。图 5-10 所示为一个电周期内霍尔传感器输出信号与电动机导通绕组及电动机反电动势、电流的关系，图 5-11 所示为电动机绕组导通与转子磁钢位置的关系。

图 5-10 中的时序与图 5-11 是对应的，根据霍尔传感器输出信号，控制绕组导通，从而实现电动机旋转。每旋转变化 60° 电角度，其中一个霍尔传感器就改变一次工作状态，每个周期变化 6 次，每转过 60° 电角度定子绕组换相一次。电动机在运转过程中，定子通入电流，永磁体转子固定励磁，两个磁场在空间的作用产生合成磁动势，推动转子向前运转。**由于实际中霍尔传感器接线和绕组接线不一致，后面涉及的霍尔传感器输出信号与定子绕组切换关系会有不同。**

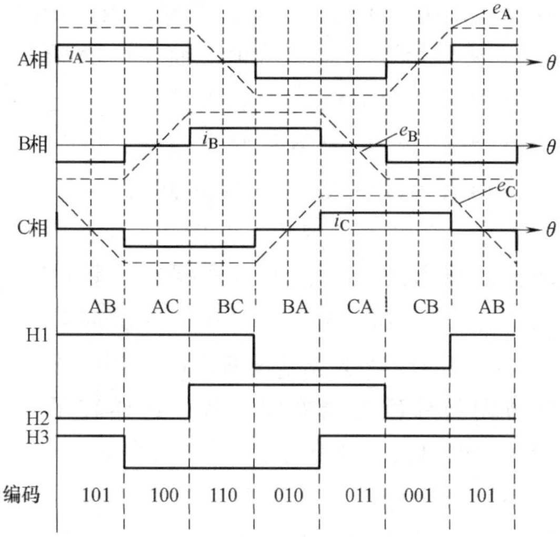

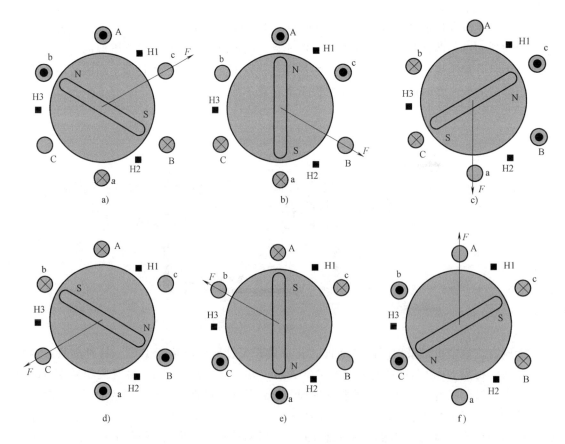

图 5-10 霍尔传感器信号与电动机导通绕组及电动机反电动势、电流的关系

5.1.4 三相多槽多极对电机结构

以上分析的是三相六槽单极对的无刷直流电动机的工作原理，实际中电动机多采用多槽多极对的结构方式，如图 5-12 所示为应

图 5-11 电动机绕组通电与转子磁钢位置的关系

用于电动三轮车的三相 12 槽 4 极对电动机，可以看出每槽采用两层绕组的结构方式，1、2、3 代表的是 A、B、C 相绕组，三相绕组星形联结，定子每极每相槽数为 1，根据每极每相槽数的计算（定子槽数除以极对数和相数），绕组为整数槽结构。电动机外观及霍尔传感器如图 5-13 所示。

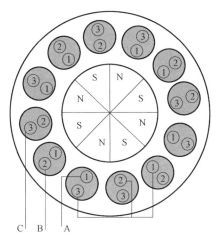

图 5-12　三相 12 槽 4 极对电动机结构

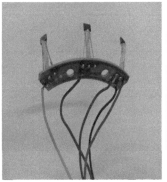

图 5-13　电动机外观及霍尔传感器

5.1.5　无刷直流电动机的双闭环调速系统

无刷直流电动机的控制关键是调速时的 PWM 占空比的变化和换相，可通过 CPU 的相应软件实现，其控制框图如图 5-14a 所示。控制系统为双环调速系统，外环是速度环，内环是电流环，经过双环调节得到所需的 PWM 信号占空比，而三相桥式逆变电路的开关管哪些导通哪些关断则由霍尔传感器位置检测信号决定。

图 5-14a 采用双环系统结构，输出外环是速度环，内环是电流环。在无刷直流电动机闭环起动过程中，由于转速非常小，转速环输出迅速达到其最大值，即电动机允许通过的最大电流值，此时速度环相当于开环，只有电流环起作用。因为电流环也是闭环系统，输出电流跟随给定电流，所以在起动过程中电动机以最大允许电流值起动，即电动机以最大转矩起动，转速迅速上升。随着转速不断上升，转速达到给定转速时，电动机转速继续上升，从而

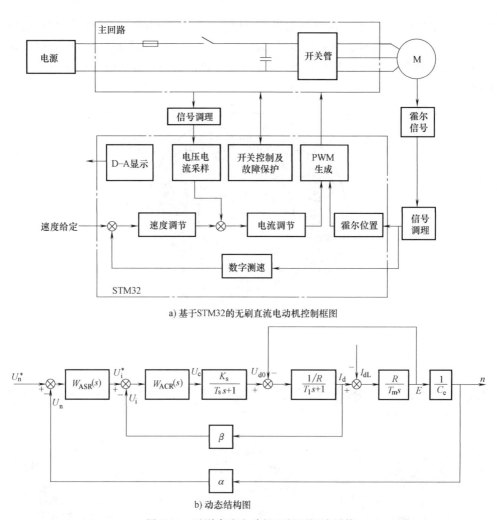

a) 基于STM32的无刷直流电动机控制框图

b) 动态结构图

图 5-14　无刷直流电动机双闭环调速系统

出现超调，转速调节器退饱和，这时速度环起主要作用，调节转速，并使转速稳定在给定转速。速度、电流双闭环系统既可以起到限流作用，以电动机允许的最大电流值起动，保证电动机以最大加速度起动，又可以起到调速作用。系统各环节的运行情况影响着整个系统的控制性能和运行特性，必须合理设计双闭环调节器及其控制参数，使系统各部分运行性能都能达到最佳，设计的基本思路是先电流内环再速度外环。由图 5-14b 可知，电流环控制对象为PWM 逆变器、电动机定子回路。考虑主电路逆变器延时，PWM 逆变器看成一阶惯性环节，电动机定子回路也为一阶惯性环节。无刷直流电动机的控制系统双闭环动态结构图与有刷直流电动机相同，可按相同方法设计速度和电流调节器参数。

5.2　无刷直流电动机控制系统

5.2.1　硬件电路

　　硬件电路主要包含 STM32F103C8T6 及其外围电路、电流检测电路、逆变主电路及其驱动电路。

1. STM32F103C8T6 及其外围电路

CPU 外围电路如图 5-15 所示，主要包括功能接口、开关接口及通信接口，有关引脚的功能模式设置见表 5-1。

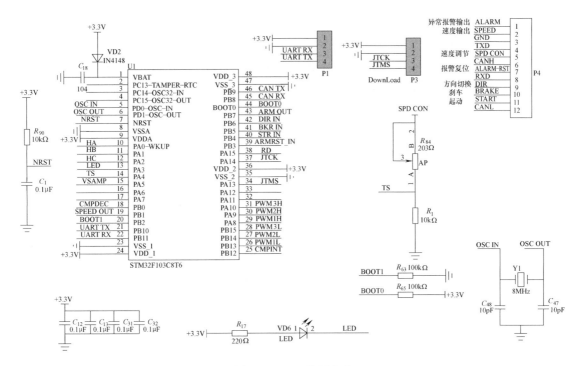

图 5-15　CPU 外围电路

表 5-1　各个引脚的功能模式设置

引脚	功能	模式设置
10、11、12	霍尔位置传感器	输入上拉模式
13	指示灯	推挽输出模式
14	速度给定	模拟输入模式
15	电池电压检测	模拟输入模式
18	直流母线电流检测	模拟输入模式
19	速度输出	复用推挽模式
21	UART 发送	复用推挽输出模式
22	UART 接收	输入浮空模式
25	刹车保护	无需设置
26~31	PWM 输出	复用推挽模式
39	报警复位	上拉输入模式
40	起动/停止	上拉输入模式
41	刹车输入	上拉输入模式
42	方向	上拉输入模式
43	报警输出	推挽输出模式

Stlink 下载器具有 5 个引脚，依次是 5V、3.3V、SWIM、GND 以及 RST 端口。下载程序用的是 3.3V，千万要注意，不能接到 5V，否则极容易烧坏单片机或者下载器，因此 5V 的引脚没用到。SWIM 连接开发板的 JTMS 端口，RST 连接 JTCK 端口，GND 连接 GND 端口，连接好之后，如图 5-16 所示，再次确认电源和地是否连接正常，正常后再用 USB 连接线连接计算机。

图 5-16　Stlink 下载器与 CPU 的连接

2. 电流检测电路

电流检测电路除在第 3 章利用电流传感器外，还有成本更低的方法，如图 5-17 所示，通过康铜丝进行直流母线电流采样，采样电阻采用两根 6mΩ 的康铜丝并联得到。电流经过康铜丝并在其上产生电压降，再经过运算放大器进行放大，然后输入到 CPU，完成电流的检测。另外，图 5-17 中具有过电流保护功能，通过康铜丝上的压降连接比较器的 6 引脚，并与比较器 5 引脚的电压进行比较，若 6 引脚的电位高于 5 引脚的电位，则比较器将输出低电平，关闭 PWM 实施保护。

3. 逆变主电路及其驱动电路

逆变主电路采用三相桥逆变电路如图 2-6 所示，具有 6 个开关管，每相上下桥臂两个开关管，因此有 6 路驱动电路，每相的驱动电路相同。VT1~VT6 为开关管，当需要 AB 相导通时，只需要打开 VT1、VT6，而使其他管保持截止。此时，电流的流经途径为正极→VT1→绕组 A→绕组 B→VT6→负极。这样，6 种相位导通模式 AB、AC、BC、BA、CA、CB 分别对应的场效应晶体管打开顺序为 VT1VT6、VT1VT2、VT3VT2、VT3VT4、VT5VT4、VT5VT4。大家是否注意到 VT1~VT6 每个开关管旁边还并联着一个二极管，这是干什么用的？我们知道无刷直流电动机的调速是用 PWM 波形的占空比来调的，本书以采用 H-PWM-

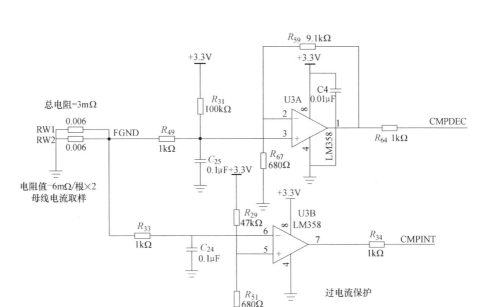

图 5-17　电流检测及过电流保护原理图

L-ON 方式为例，也就是上桥臂采用 PWM 信号控制，而下桥臂常开的一种驱动方式。比如，在 AB 相导通时，CPU 给 VT1 的栅极是 PWM 信号，而给 VT6 的栅极是常开信号，这样就可以通过控制 VT1 输入端的 PWM 信号占空比来控制驱动电动机的有效电压了，PWM 高电平时 VT1 导通，电流经 AB 绕组组成回路，PWM 低电平时 VT1 关断，但是由于电感的作用，流经 AB 绕组的电流是不能突变的，所以这时候二极管的作用就来了，在 PWM 信号的低电平期间，电流是通过下桥臂续流的。

　　还有一个很重要的问题，上桥臂开关管的驱动与下桥臂的驱动是不一样的，先来复习一下场效应晶体管的基本知识。图 5-18a 是一个 N 沟道型场效应晶体管，图 5-18b 是一个 P 沟道型场效应晶体管。N 沟道场效应晶体管有点类似于 NPN 晶体管，只要栅、源极间加一个正向电压，并且其值超过数据手册上的阈值电压时，场效应晶体管的 D 极和 S 极就会导通。一般 N 沟道功率型场效应晶体管的阈值电压都会在 3~20V 之间。

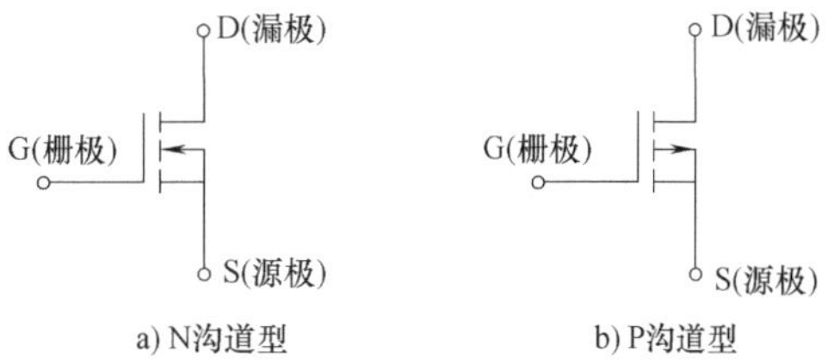

图 5-18　N 和 P 型场效应晶体管

　　上桥臂开关管的源极接在负载端，当负载有电压时对上桥臂开关管栅极加阈值电压不能正确实现控制，解决的办法有上桥臂开关管采用 P 型 MOS 管及采用自举升压电路。

　　采用 3 个 N 型场效应晶体管和 3 个 P 型场效应晶体管，这样可避开驱动电压的问题。P 型场效应晶体管有点类似于 PNP 晶体管，只要栅极电压小于源极电压（栅源间为负值），并且其值小于某一负的阈值电压，场效应晶体管的 S 极和 D 极就会导通，电流从 S 极流向 D 极。一般 P 沟道功率型场效应晶体管的阈值电压都会在 -20 ~ -3V 之间。下面来分析

图 5-19，下桥臂用的是 IRLR7843 的 N 型 MOSFET，如果在 STEUER_ A–端给以 5V 的栅极
电压，场效应晶体管 NA–就会导通。上桥臂用的是 FDD6637 的 P 型 MOSFET，当 STEUER_
A+端给出高电平时，晶体管 VT1 导通，FDD6637 的栅极被拉低，这样在 FDD6637 的栅、源
极之间就会形成一个负电压，而导致场效应晶体管 NA+导通。

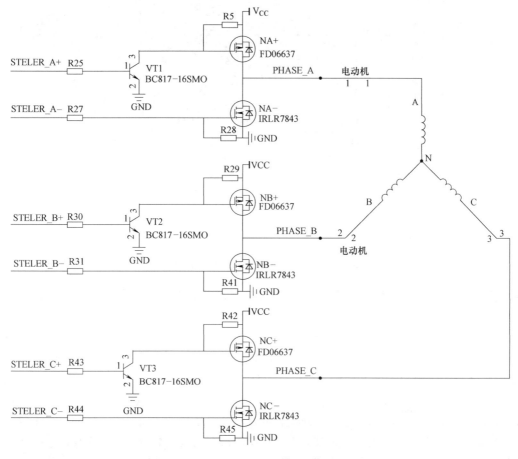

图 5-19　上桥臂是 P 型场效应晶体管的驱动

　　由于 P 型 MOS 管的问题，很少采用 P 型 MOS 管的方法实现上桥臂正常工作。下面分析
采用自举升压电路的方法，图 5-20 为一相上下桥臂驱动电路。二者最大的差别是自举升压

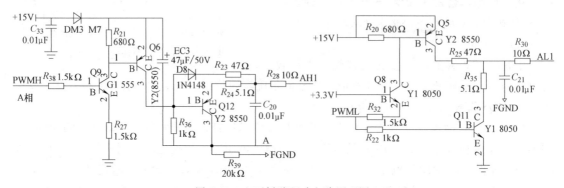

图 5-20　上下桥臂驱动电路原理图

电路上桥臂具有自举电容以完成自举升压功能，并且上下桥臂驱动开关管的导通和关断与输入信号的高低电平相反。

图 5-21 为 CPU 上下桥臂驱动引脚及所对应 MOS 管栅极处的 PWM 波形，从图中可以看出，到达 MOS 管栅极处的 PWM 波形一样经过相应驱动电路的放大。下桥臂与上桥臂不同之处在于，栅极端的波形与单片机端输出的波形有一个反向。由驱动波形可以看出，MOS 管开通时有稍微的滞后，而关断比较迅速，符合 MOS 管的开关要求。

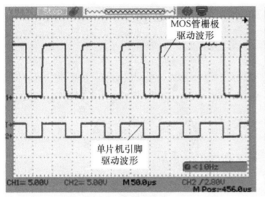
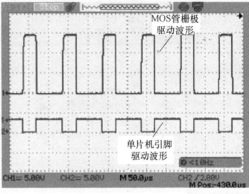

a) 上桥臂驱动波形　　　　　　　　　　　　b) 下桥臂驱动波形

图 5-21　上下桥臂驱动波形

5.2.2　控制系统程序设计

整个控制系统的程序分为初始化、主循环及中断三部分。当给驱动器上电时，单片机开始运行。首先进入 main 主函数，执行相应模块的初始化；然后进入循环主程序，等待中断的到来。初始化包括引脚功能模式、TIM 的设置、时钟及 ADC 的初始化。当中断到来时则执行中断，中断结束后将回到主循环，等待下次中断的到来并执行，如此反复运行。在此应注意程序进入中断后，须在中断中清中断标志位，否则系统无法跳出中断，程序将无法正常运行。图 5-22 为电动机驱动器主程序流程图。

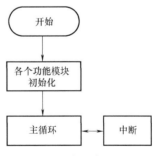

图 5-22　主程序流程图

5.2.3　电动机起动分析

无刷直流电动机的霍尔传感器采用开关型时，起动电动机可采用扫描方式，而霍尔传感器如果是锁定型，在电动机初始状态，DSP 没有办法捕获霍尔传感器输出信号，因此要电动机转起来，必须先施加起动信号起动电动机，起动方法如图 5-23 所示。

由图 5-23a 可看到，电动机在初始时，其转子的 N 极处于霍尔的 101 区，但 CPU 却捕获不到信号，也进不到捕获中断处理。如图 5-23a 所示，给绕组 Aa 通电（假设性分析），产生磁动势 F_a，电动机转子在磁动势的作用下旋转，当然如果电动机转子在其他区域，受到定子磁动势的作用也一样会转动。当电动机转子进入其他区域范围时，图 5-23a 中是从 101 到 100，就会引起霍尔信号的跳变，CPU 捕获跳变，进入捕获中断进行处理。还有一种情

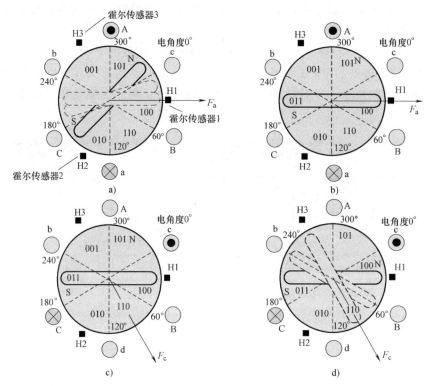

图 5-23　电动机初始起动示意图

况，如图 5-23b 所示，在电动机绕组 Aa 通电时，如果转子恰好在图中区域位置，电动机就不会旋转，起动就会失败。因此，在实际应用中，采用连续两次不同绕组的通电方式，就可以避免起动失败，如图 5-23c 所示，在 Aa 绕组通电完后，接着对绕组 Cc 通电，转子无论在什么位置都可起动电动机了。

5.2.4　STM32 的 TIM1 与 TIM2 中断

TIM1 中断是核心，利用上溢和下溢中断完成霍尔扫描检测与绕组换相及速度和电流双闭环控制，程序流程图如图 5-24 所示。

由于采用的是 T 法测速，需检测两个霍尔信号跳变之间的高频脉冲数，继而求出电动机转速。TIM2 为测速提供高频脉冲，即计算一个霍尔状态所持续的时间。TIM2 周期寄存器的值设置较大，在电动机正常转动时不会引起溢出中断，在电动机停转时霍尔信号不再跳变，TIM2 将进入溢出中断，此时需对速度进行清零操作，其中断流程图如图 5-25 所示。

5.2.5　具体程序

```
//TIM1 中断程序
void TIM1_UP_IRQHandler( void)
{
    if( TIM1->CNT<half_pwm_pr)//下溢中断
```

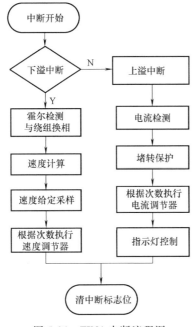

图 5-24　TIM1 中断流程图

图 5-25　TIM2 中断流程图

```
}
if((dir==1)&&(stop_flag==0))//顺时针转
{
    times=0;
    while(times<3)
    {
        hall_val=GPIOA->IDR&0x07;//检测三路霍尔,赋 hall_val
        if(hall==hall_val)times++;//现在的霍尔值没有变化,times 值加 1
        else times=0;//现在的霍尔值有变化,times 值赋 0,重复三次检测霍尔都没变化
        hall=hall_val;//现在的霍尔值赋 hall_val
    }
if(hall!=past)//如果霍尔的值有变化,进行下面的换相
    {
        past=hall;
        if(hall==0x03)
        {
            AtoB
        }
        else if(hall==0x01)
        {
            AtoC
        }
```

```
        else if( hall = = 0x05 )
        {
          BtoC
          }
        else if( hall = = 0x04 )
        {
          BtoA
        }
        else if( hall = = 0x06 )
        {
          CtoA
        }
        else if( hall = = 0x02 )
        {
          CtoB
        }
        else
        {   OFF}
      }
    }
……//逆时针转,与顺时针转类同
hall3 = ( GPIOA->IDR&0x02 )>>1;//检测 H2,计算电动机速度
if( hall3!  = past3 )//假如 H2 变化,则说明经过电角度为 180°
{
          past3 = hall3;
          speed_count = count_sp( );//记录 TIM2 的脉冲个数
          if( speed_count>100 )
          {
            speed = 375000/speed_count;//转速计算
          }
}
js++;
if( js>80 )//PWM 的频率为 8kHz,进入中断的时间为 0.125ms,执行速度调节器时间为 10ms
{
          current_ref = speed_pi( );
          if( speed<10 )
          {
              TIM3->CCR4 = 0;
          }
```

```
            else if( speed>10)
            {
                TIM3->CCR4 = speed;
            }
            js = 0;
        }
    }

    else if( TIM1->CNT>half_pwm_pr)//上溢中断
    {

        if( current>683)//电流保护
        {
            stop = 1;
        }
/ *
起始时判定是否过电压、欠电压及正反方向控制
* /
        if( ( speed_ref<30)&&( power_stop = = 0) )
        {
        time_du = 0;
        if( ( ( 0<current) | | ( current = = 0) )&&( current<30) )
        {
            stop = 0;
        }
        if( ( back = = 1)&&( speed<50) )
        {
            dir = 0;
        }
        else if( ( back = = 0)&&( speed<50) )
        {
            dir = 1;
        }

        }
    p = current_pi( );//执行电流调节器,执行速度调节器时间为 0.125ms

        TIM1->CCR1 = pwm_pr-p;
        TIM1->CCR2 = pwm_pr-p;
```

```
        TIM1->CCR3 = pwm_pr-p;
        speed_pi_cnt++;
        if( speed_pi_cnt = = 50)
        {
                speed_pi_cnt = 0;
                sp = ADCConvertedValue[0];

                    if( sp>3710)
                    {sp = 3710;}
                    if( sp>= 10)
                    {
                        speed_ref = ( sp/1. 14);
                    }
                    else if( sp<10)
                    {
                        speed_ref = 0;
                    }
                    current1 = ADCConvertedValue[2];
                    if( current1<580)
                    {
                        current1 = 580;
                    }
                    current = current1-580;
        }
}
        TIM_ClearITPendingBit( TIM1 ,TIM_IT_Update);
}
//TIM2 中断程序
void TIM2_IRQHandler( void)
{
    speed = 0;
    speed_count = 0;
    TIM2->CR1& = 0xFFFE;          //关闭定时计数器 2
    TIM_ClearITPendingBit( TIM2 ,TIM_IT_Update);
}
```

5.2.6 程序分析

1. 霍尔检测与换相

由于一些电动机的绕组与霍尔传感器接线不规范，因此 3 个霍尔传感器与三相绕组的对应关系不确定，可采用自学习及试凑的办法得到，程序中根据这些方法得到霍尔信号与绕组换相关系见表5-2和如图5-26所示。这里有两个问题要明白，对于自学习得到绕组与霍尔信号的关系可参考6.3.1小节的内容，另外在采用试凑法的时候发现有两种霍尔传感器和绕组对应关系可以控制电动机运行，但是其中一种的运行电流值更大，这是由于在霍尔信号跳变时绕组导通产生的合成磁动势与转子成60°和120°两种情况，如图5-26在转子处于H2跳变时刻，CA 和 BA 导通都可使电动机逆转，但很明显可看出在相同电流下 BA 导通的转矩要大于 CA 导通的转矩，也就是在相同转矩时 CA 导通的电流更大。

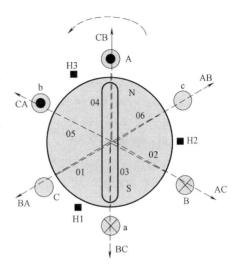

图 5-26　程序中三相绕组、霍尔信号及转子位置关系

2. 速度计算

程序中速度计算语句如下，采用的是 T 法测速。其中 count_ sp（）子程序是在 H2 跳变时读取 TIM2 的计数值，也就是在电角度 180°读取。下面解释在计算速度时计算式是如何得到的。

表 5-2　三相霍尔信号与绕组导通关系

霍尔状态信号（H3H2H1）	100	110	010	011	001	101
信号值	4	6	2	3	1	5
绕组导通	BA	CA	CB	AB	AC	BC

```
hall3 =（GPIOA->IDR&0x02）>>1；
if（hall3！= past3）
{
        past3 = hall3；
        speed_count = count_sp（）；
        if（speed_count>100）
        {
            speed = 375000/speed_count；
        }
}
int count_sp（）
{
    int sp_count_temp；
    TIM2->CR1& = 0xFFFE；        //关闭定时计数器 2
    sp_count_temp = TIM2->CNT；
    TIM2->CNT = 0；
    TIM2->CR1| = 0X01；          //使能定时计数器 2
```

returnsp_count_temp；

}

TIM2 的频率设置为 64MHz/1024，因此 TIM2 一个脉冲时间为 1/（64MHz/1024），可得电角度 180°的时间为 speed_ count×1/（64MHz/1024），又因电动机是 5 极对，可得转速为（1/10）/（speed_ count×1/（64MHz/1024））r/s，转换单位为 60×（1/10）/（speed_ count×1/（64MHz/1024）） r/min，即为 375000/speed_ count。

3. 比较器的赋值

电流调节器执行后决定 PWM 的占空比大小，程序中电流调节器执行后的值 p 不是直接赋给 TIM1 的比较寄存器，而通过如下语句赋值。

TIM1->CCR1 = pwm_ pr-p；

TIM1->CCR2 = pwm_ pr-p；

TIM1->CCR3 = pwm_ pr-p；

这是因为 PWM 的模式和高低电平有效采用了如下语句设置方法，得到如图 5-27 所示的关系，在程序中 PWM 模式采用了如下语句。

TIM1->CCMR1 | = 7<<4；   //TIM1CH1PWM 模式 2

TIM1->CCMR1 | = 7<<12；   //TIM1CH2PWM 模式 2

TIM1->CCMR2 | = 7<<4；   //TIM1CH3PWM 模式 2

程序中 TIM1->CCMR1 | = 7≪4、TIM1->CCMR1 | = 7≪12、TIM1->CCMR2 | = 7≪4 设置输出比较模式为 PWM 模式 2，即在向上计数时，一旦 TIM1_ CNT<TIM1_ CCR1 通道 1 为无效电平，否则为有效电平；在向下计数时，一旦 TIM1_ CNT>TIM1_ CCR1 通道 1 为有效电平，否则为无效电平。而有效电平和无效电平究竟是高电平还是低电平，则要在 TIM1_ CCER 的 CC1P、CC1NP、CC2P、CC2NP、CC3P、CC3NP 中设置，0 为高电平有效，1 为低电平有效，默认值为 0。如图 5-27 所示，随比较寄存器值的增大，脉宽更窄，因此需要 pwm_ pr-p 赋比较寄存器。

图 5-27　PWM 的输出与比较寄存器计数器关系

4. 转速给定及电流检测中有关数据的含义

程序中采用如下语句得到速度和电流值。

speed_pi_cnt++；

if(speed_pi_cnt = = 50)

{

　　　　speed_pi_cnt = 0；

　　　　sp = ADCConvertedValue[0]；

　　　　if(sp>3710)

　　　　{ sp = 3710；}

　　　　if(sp>= 10)

```
        {
            speed_ref = ( sp/1.14 ) ;
        }
        else if( sp<10 )
        {
            speed_ref = 0 ;
        }
        current1 = ADCConvertedValue[ 2 ] ;
        if( current1<580 )
        {
            current1 = 580 ;
        }
        current = current1-580 ;
    }
```

其中，1.14 是速度系数比，580 是零点电流值，怎么计算出来的？

首先速度系数比的计算：由于速度的给定通过模拟量输入，经过分压后最大是 2.5V，代表电动机转速 3000r/min，2.5V 电压的 A-D 转换值为 3413，与 3000 之间的系数关系为 1.14。

其次零点电流值的计算：电流值与检测数字的换算较复杂，与电流放大电路相关，根据图 5-17 得到零电流对应 CMPDEC 的值即零点值 UCMPDEC0 的计算。首先零电流时运放 3 引脚电压由 $3.3 \times (R_{49}+(RW1+RW2)/2)/(R_{31}+R_{49}+(RW1+RW2)/2)$ 计算得到，通过计算式 $UCMPDEC0 \times (R_{67}/(R_{67}+R_{59})) = 3.3 \times (R_{49}+(RW1+RW2)/2)/(R_{31}+R_{49}+(RW1+RW2)/2)$ 化简得 $UCMPDEC0 \times (680/9780) = 3.3 \times (1000)/101000$，从而得到 $UCMPDEC0 = 0.467$，经 A-D 转换后为 580。然后进一步分析当有电流流过时，如 6A 时的输出 $UCMPDEC = UCMPDEC0 + I \times ((RW1+RW2)/2) \times (R_{67}+R_{59})/R_{67} = 0.467+0.259 = 0.726$，经 A-D 转换后为 900。

5.3　无刷直流电动机无霍尔传感器控制方法与实现

5.3.1　采用无位置传感器控制的必要性

无刷直流电动机是将传统的利用电刷和集电环进行换相改为用如今的电子换相器进行换相工作，因没有电刷和集电环就不存在电火花，电动机寿命更长。无刷直流电动机在结构上类似于永磁同步电动机，结构相对比较简单，控制比较方便，同时该类电动机又拥有直流电动机较高的工作效率、较好的调速特性等一些优点，因而在日常生活中应用非常普遍。无刷直流电动机是通过位置传感器获得转子位置来进行换相工作的，传感器获得转子处于不同位置后会对应输出不同信号，控制器根据该信号输出不同的信号控制开关管处于不同的工作状态，从而电动机转动起来。但是，霍尔位置传感器的安装通常存在以下一些缺点：

1) 位置传感器的安装不仅使得电动机的体积变大，同时也导致生产成本会有所增加。

2) 位置传感器的安装会使电动机内部的连线增加，这会导致外界的信号容易对电动机造成影响，电动机的可靠性下降。

3）位置信号的输出为弱电信号，在高温、高压、湿度较大和有腐蚀性的环境条件下，会导致传感器的灵敏度下降。

4）位置传感器的安装需要相当准确，否则会使检测到的信号不准确。

5）位置传感器位于电动机内部，因此当其出现损坏时不便于进行维修。

5.3.2 无刷直流电动机无位置传感器控制方法

由上面分析的内容可知，无刷直流电动机是需要根据转子位置来进行换相工作的，没有了位置传感器就需要采用其他的一些方法来对转子的位置进行确定，方可达到对电动机进行控制的目标。如何才能很好地确定转子的位置，国内外专家学者一直在做深入的研究，从不同的角度出发提出了许多不同的检测转子位置的方法。依据检测原理的不同，目前研究的无位置传感器控制策略可以分为反电动势法、磁链法、电感法及人工智能法等，实际应用多采用反电动势法来完成无位置传感器控制系统的工作，下面对该方法的原理进行分析介绍。

在无位置传感器控制的所有方法中，反电动势法相对比较简单，控制技术比较成熟，实际中应用很普遍。该方法是通过一定的方法获取相反电动势过零点延迟30°电角度后进行换相工作。无刷直流电动机相反电动势与换相时刻之间的对应关系如图 5-28 所示，图中 e_A、e_B 表示的是互差120°电角度的 A 相和 B 相反电动势，Q_1 和 Q_2 是换相点。

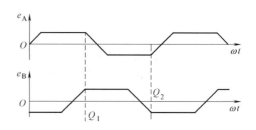

图 5-28　相反电动势与换相时刻之间的对应关系

5.3.3 无刷直流电动机无位置传感器控制原理框图

图 5-29 所示为基于 CPU 的无刷直流电动机无位置传感器控制系统原理框图和反电动势检测电路。

无刷直流电动机无位置传感器控制原理框图和有霍尔传感器控制原理框图大部分一样，唯一不同的就是用反电动势信号取代霍尔信号实现换相功能达到控制电动机的目的。控制系统中，首先采用一定的方法使电动机起动起来，并加速运行一段时间后，让电动机匀速转动，此时就可以检测到反电动势信号。当检测到无刷直流电动机的端电压信号，并对其进行处理后，信号送入到 CPU 的捕获引脚，一旦捕捉到相反电动势过零点信号后，延迟30°电角度完成换相工作，这样就达到了利用反电动势法对该类电动机进行无位置传感器控制的目标。图 5-29b 中 ELE 信号控制反电动势滤波系数，保证在宽速度范围内反电动势的检测。

5.3.4 无霍尔传感器控制软件编程设计

与有位置传感器控制系统研究一样，无位置传感器控制系统软件编程设计同样包括两部分：主程序和中断子程序。对于主程序的作用及设计与有霍尔传感器时的大致一样，在此就不再重复说明了。该控制系统研究中中断程序包括两部分：T3 周期中断子程序和捕获中断子程序。

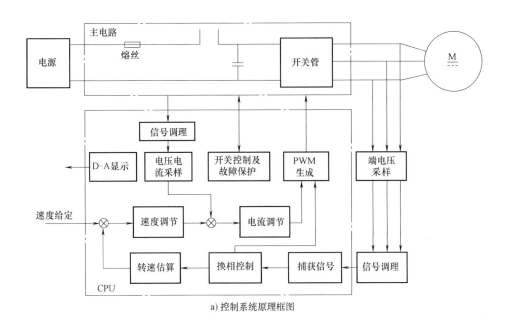

a) 控制系统原理框图

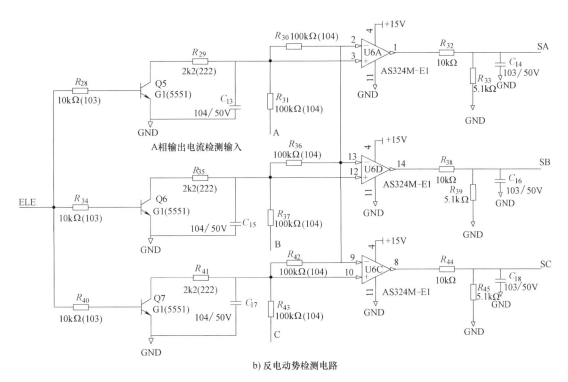

b) 反电动势检测电路

图 5-29 无刷直流电动机无位置传感器控制系统原理框图和反电动势检测电路

1. T3 周期中断子程序

周期中断的主要任务就是完成电动机的加速过程及根据过零点进行换相工作。T3 周期中断子程序流程图如图 5-30 所示。

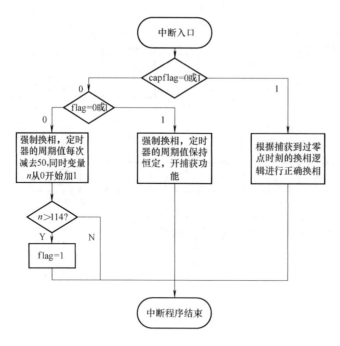

图 5-30　定时中断程序流程图

在电动机强制起动后，开始启动通用定时器 T3 及其周期中断。当 T3 定时时间到时立刻进入到中断执行中断服务程序，在周期中断中首先进行的是图 5-30 最左边的流程，即 capflag = 0 和 flag = 0 这种情况，电动机强制进行换相，同时每换一次相，程序中设定的变量 n 加 1 及定时器 T3 的周期值减小一定的值，目的是实现电动机的加速运行。当电动机的转速加到一定程度后，即在程序中 n 的值大于 114 的时候置位 flag = 1，此时进入中断后就执行另一条分支程序，电动机进行换相，同时开捕获功能，但是不利用捕获到的信号实现换相，还是执行强制换相。但是换相后定时器 T3 的周期值不再减小，让电动机匀速运行。匀速运行一段时间后，当捕获中断中设置的变量 p 值大于 500 时置位 capflag = 1，就执行根据捕获过零点进行换相，关定时器。

2. 捕获中断子程序

反电动势法控制中，捕获的则是三相反电动势过零点的跳变沿，利用捕获到的过零点进行正确的换相，这样电动机就可以运转起来。图 5-31 画出了该捕获中断子程序流程图。

当捕获到无刷直流电动机相反电动势上升沿或下降沿时就进入到捕获中断处理子程序，刚开始进入捕获，程序中设定一标志位 p，每进一次捕获该值要自加 1，其他不做任何处理，让电动机工作在利用定时中断强制进

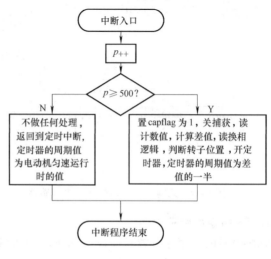

图 5-31　捕获中断子程序流程图

行换相过程。当捕获次数达到一定次数后（程序中预先设定的是 500 次，这样是让电动机的转动更加稳定，得到的反电动势比较平稳），即 $p \geqslant 500$，再次进入到捕获中断处理程序时，首先关掉捕获功能（关掉捕获的目的是为了防止一些尖峰波的干扰），读取进入捕获时计数器前后的两次值，并将前后两次值进行相减，理论上这两次值相减的差值就是一个换相周期，即 60°电角度，然后将该差值的一半赋值给定时器 T3，即是延时 30°电角度；并在捕获中断程序中用一变量表示此时的换相逻辑，目的是为了便于进行换相，然后开定时器，定时时间到，进入周期中断进行换相，控制电动机运行。

3. 实验波形

下面给出利用反电动势法完成无位置传感器控制的相关测试波形，便于读者对照实现。图 5-32 和图 5-33 分别是有位置传感器检测的两路霍尔信号波形和电动机的端电压信号波形。

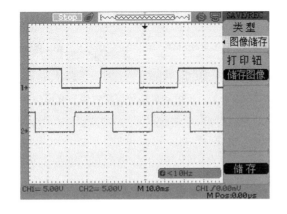

图 5-32　两路霍尔信号波形

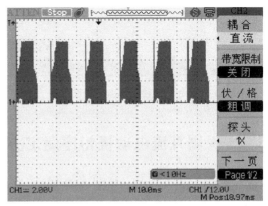

图 5-33　端电压信号波形

从图 5-33 中可以看出，端电压信号含有大量的谐波成分，不能直接拿来运用，需要进行一些处理，图 5-34 给出了该信号经过 RC 滤波器后的输出信号。

由图 5-34 可以看出，端电压经 RC 滤波后信号为梯形波，和前面所讲到的无刷直流电动机反电动势波形为梯形波是相吻合的。

图 5-35 是公共端电压波形，该波形是三相端电压信号经过电阻后组成的公共端信号，用作比较器反相端的输入信号。

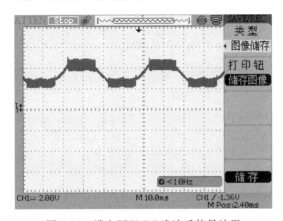

图 5-34　端电压经 RC 滤波后信号波形

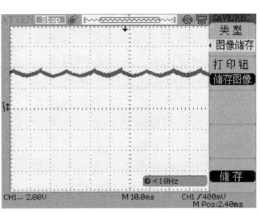

图 5-35　端电压公共端电压信号波形

图 5-36 所示波形是图 5-34 中的经过 RC 滤波后的信号与图 5-35 中的公共端信号进行比较后得出来的。

图 5-37 是图 5-32 与图 5-36 的比较，可以清楚地看到，反电动势信号滞后于霍尔信号 30°电角度。

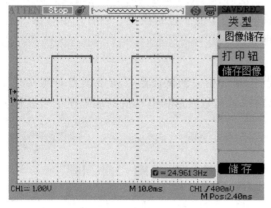

图 5-36　比较器输出信号波形

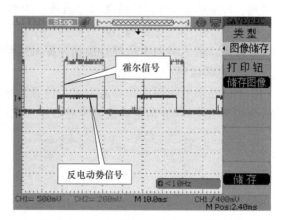

图 5-37　反电动势信号与霍尔信号波形

5.4　无刷直流电动机相序测定方法

由前面的分析可知，控制无刷直流电动机的开关管的换相信号需要从位置传感器的状态得出，换相时刻也就是霍尔传感器的信号状态改变的时刻。因此，霍尔传感器和三相绕组对应关系的确定对于电动机的正确运行非常重要。以霍尔传感器安装方式为 120°信号模式为例，位置传感器输出波形、电动机定子绕组通电电流和反电动势相位关系如图 5-10 所示。

在无刷直流电动机三相绕组均为开路的情况下，三相电流为零，可以得到以下结论：

$$u_{BA} = u_B - u_A = e_B - e_A \tag{5-1}$$

$$u_{CA} = u_C - u_A = e_C - e_A \tag{5-2}$$

式中，u_{BA} 和 u_{CA} 为三相绕组的线电压。从式（5-1）、式（5-2）中可以看到，在三相绕组开路的情况下，u_{BA} 和 u_{CA} 两个量可以用反电动势表示。对于反电动势的相位关系，由图 5-10 做进一步的推导，可以得出如图 5-38 所示的相位关系。下面由图 5-38 说明各位置传感器与各相绕组间的相位关系及三相绕组间的电位关系。

以一台无刷直流电动机实际实验为例，电动机采用开关霍尔传感器作为位置传感器，位置传感器为 120°安装方式。在实验中，首先确定任一绕

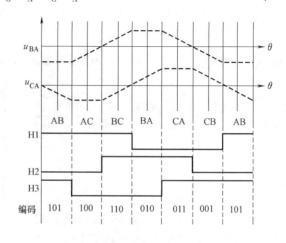

图 5-38　无刷直流电动机开路线电压
与霍尔信号的相位关系

组作为 A 相参考绕组，转动电动机，用示波器测量另外两相与 A 相间线电压相位关系，得到的线电压波形如图 5-38 所示，两个线电压波形相位领先的则为 u_{BA}，据此可以快速确定 B 相和 C 相。然后以 u_{BA} 为参考相位，分别测量 3 个霍尔传感器与 u_{BA} 的相位关系（在测量中，A、B、C 三相开路，A 相与霍尔传感器的地线相连）。对比图 5-38，可以确定 A 相绕组所对应的 H1、H2 及 H3。

5.5 无刷直流电动机的制动

对于电动机运行在额定转速之上时，通过三相逆变桥 MOS 管自带的反并联二极管将能量回馈至电池，并起到一定的制动效果。当电动机转速处于额定转速之内时，产生制动的绕组切换控制方法有多种，下面以电动车制动平缓并且在制动前为 A、B 两相绕组导通的情况为例。

从电动机制动的角度看，使绕组中的电流方向与电动时相反，产生负的电磁转矩，就可以达到制动的效果，同时还能将部分能量回馈到直流侧。如图 5-39 所示，不考虑非导通相续流等因素，在电动运行状况下，转子处于 VT1、VT6 导通的状态，电流方向为图中箭头所示方向，此方向的电流产生的转矩是电动转矩。

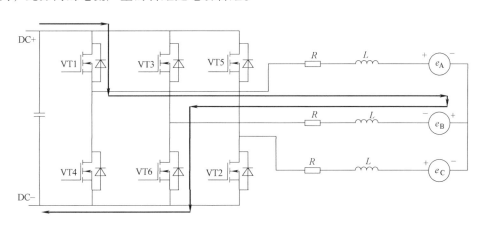

图 5-39　电动机电动运行电流回路

制动时采用的方法是对应控制 3 个下桥臂开关管（VT4、VT6、VT2）进行 PWM 调制，另外 3 个上桥臂开关管一直关断实现回馈制动。回馈制动的基本原理是利用电动机绕组实现类似于升压斩波器的功能，以电动机绕组切换方式处于图 5-39 位置的区间为例进行分析。在此位置区间制动时，只需对 VT4 进行相应的 PWM 调制，其余 5 路开关管都关断。从电动切换到制动过程中，由于绕组中电流不会突变，因此有一个短暂的续流过程，无论 VT4 处于导通状态还是关断状态，续流回路都如图 5-40 所示。电流经 VT3 自带的反并联二极管，经过直流侧，再经过 VT4 的反并联二极管形成续流回路。此续流过程极短，对整个制动过程的影响几乎可以忽略。

续流过程完成以后，在 PWM 高电平期间，VT4 导通，由于 A 相绕组和 B 相绕组反电动势相加的大小为 $2e_A$，方向与 e_A 相同，反电动势通过 VT4 及 VT6 的反并联二极管将电动机的动能储存在 A、B 两相绕组中，绕组中产生的电流方向如图 5-41 所示，显然此电流方向与

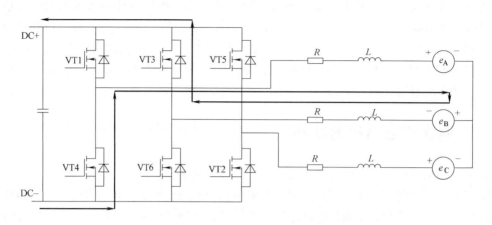

图 5-40　电动状态切换到制动状态时刻的续流回路

图 5-39 中电动运行时的电流方向相反，产生制动转矩。

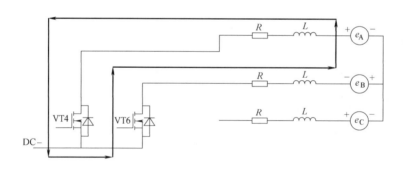

图 5-41　VT4 处于 PWM 高电平时期电流回路

当 VT4 处于 PWM 低电平时期，由于电感中的电流不能突变，所以电流从 VT1 和 VT6 的反并联二极管续流，储存在电动机绕组中的能量通过此电流给直流侧，达到能量回馈的效果。此期间电流走向如图 5-42 所示，绕组中电流方向与图 5-39 中的相反，电动机产生制动转矩，因此，整个制动过程中，电流方向始终不变。PWM 周期选定为和电动运行时一致，直流侧充电电流的大小受 PWM 占空比影响，电动机转速一定的情况下，PWM 占空比越大，

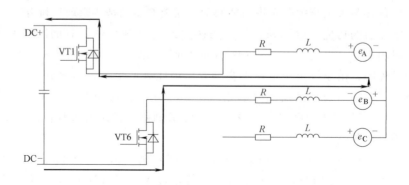

图 5-42　VT4 处于 PWM 低电平时期电流回路

向直流侧充电的电流也越大。因此可通过对下桥臂开关管的 PWM 控制进行调节，控制制动转矩的大小和充电电流的大小，且使用此方法不存在使电动机反转的问题，非常适用于电动车的回馈制动。

习题和思考题

1. 无刷直流电动机的结构由哪几部分组成？

2. 无刷直流电动机的霍尔传感器位置检测有什么作用？

3. 霍尔传感器检测方式分别称为 60°和 120°信号模式，画出这两种模式的霍尔元件输出波形。

4. 画出如下情况时的霍尔元件位置关系图：无刷直流电动机采用 5 极对，安装 3 个霍尔传感器采用 60°信号模式。

5. 控制无刷直流电动机主要由哪两部分组成？

6. 说明绕组通电情况与转子位置变化关系。

7. 控制无刷直流电动机的硬件电路由哪几部分组成？

8. 图 5-17 所示为通过康铜丝进行无刷直流电动机的直流母线电流采样，CMPDEC 是电流值的检测，CMPINT 是电流值的过电流保护，说明电流值与 CMPDEC 及 CMPINT 的关系。

9. 逆变主电路中 VT1～VT6 每个开关管旁边还并联着一个二极管，这是干什么用的？

10. 图 5-20 是主电路其中一相的驱动电路，分析上下桥臂的差别。

11. 控制无刷直流电动机的软件实现中电流调节器和速度调节器的执行时间哪个更短？

12. 根据图 5-26 分析并得出霍尔信号与绕组换相关系表。

13. 如图 5-38 所示，说明无刷直流电动机相序测定方法。

14. 无刷直流电动机的霍尔传感器如采用锁定型，在电动机初始状态，CPU 没有办法捕获霍尔传感器输出信号，因此要电动机转起来，必须先施加起动信号起动电动机，试分析起动方法。

15. 说明图 5-7 所示霍尔传感器的安装方法。

16. 在无刷直流电动机控制中，电流调节器执行后决定 PWM 的占空比大小，程序中电流调节器执行后的值 p 不是直接赋给 TIM1 的比较寄存器，这是为什么？

17. 由于一些电动机的绕组与霍尔传感器接线不规范，因此三个霍尔传感器与三相绕组的对应关系不确定，可采用试凑的办法得到，但在采用试凑的时候发现有两种霍尔传感器和绕组对应关系可以控制电动机运行，但是其中一种的运行电流值更大，这是什么原因？

18. 画出无刷直流电动机的双闭环调速系统结构图，并分析起动过程。

第6章

永磁同步电动机控制技术

6.1 永磁同步电动机控制原理

无刷直流电动机通常情况下转子磁极采用瓦形磁钢，经过磁路设计，可以获得梯形波气隙磁通密度，定子绕组多采用集中整距绕组，因此感应反电动势波形也是梯形波。

而永磁同步是正弦波气隙，越正弦越好，并选择分布绕组，定子槽数较多，磁钢一般是面包形，平行充磁。

永磁同步电动机的转子用永磁材料制成，无需直流励磁，因而永磁同步电动机具有以下突出的优点，广泛应用于调速和伺服系统中。

1）由于采用了永磁材料磁极，特别是采用了稀土金属永磁，如钕铁硼（NdFeB）、钐钴（SmCo）等，其磁能积高，可得较高的气隙磁通密度，因此容量相同时永磁同步电动机体积小、质量轻。

2）转子没有铜损和铁损，又没有集电环和电刷的摩擦损耗，运行效率高。

3）转动惯量小，允许脉冲转矩大，可获得较高的加速度，动态性能好。

4）结构紧凑，运行可靠。

永磁同步电动机的转子按永磁体结构又可分为表面式永磁同步电动机及内置式永磁同步电动机。

表面式永磁同步电动机的转子结构示意图如图 6-1 所示，属于隐极式，具有以下特点：

1）永磁体粘接到转子铁心表面，转子转速低。

2）有效气隙较大，则同步电抗小，电枢反应小。

3）气隙均匀，即 $X_d = X_q$。

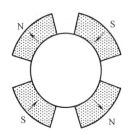

图 6-1 表面式永磁同步
电动机结构示意图

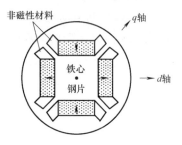

图 6-2 内置式永磁同步
电动机结构示意图

内置式永磁同步电动机的转子结构示意图如图 6-2 所示，属于凸极式，具有以下特点：

1）永磁体被牢牢地镶嵌在转子铁心内部，适用于高速运行场合。

2）有效气隙较小，d 轴和 q 轴的同步电抗较大，电枢反应磁动势较大，从而存在较大的弱磁空间。

3）直轴的有效气隙比交轴大，因此直轴同步电抗小于交轴同步电抗，即 $X_d < X_q$。

永磁同步电动机定子绕组与无刷直流电动机绕组有区别，如图 6-3 所示，可知参数如下：相数 = 3、槽数 = 36、极对数 = 4、极距 = 9、每极每相槽数 = 3、节距 = 8，采用短距绕组方式和分布绕组方式，目的是绕组感应反电动势尽量为正弦波。

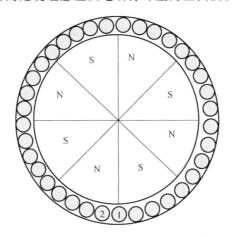

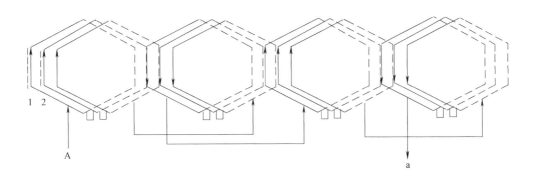

图 6-3　永磁同步电动机定子绕组示意图

6.1.1　永磁同步电动机的数学模型

由于电动机本身是一个高阶、非线性、强耦合的多变量系统，为了实现解耦控制，通过坐标变换，可以将三相交流绕组等效为两相互相垂直的交流绕组或者是旋转的两相直流绕组，变换后系统变量之间得到部分解耦，从而使系统分析和控制得到大大的简化。为了实现分析控制的目的，需要建立被控对象的数学模型。首先假设：

1）忽略空间谐波，设三相绕组对称，在空间中互差 120° 电角度，所产生的磁动势沿气隙按正弦规律分布。

2）忽略磁路饱和，各绕组的自感和互感都是恒定的。

3）忽略铁心损耗。

4）不考虑频率和温度变化对绕组电阻的影响。

5）电动机属于隐极式，气隙均匀。

在以上几点基本假设的条件下，可以建立永磁同步电动机在各个坐标系下的数学模型。

1. 静止坐标系 *OABC* 下的数学模型

永磁同步电动机具有定子三相分布绕组，三个电枢绕组之间按轴线互差 120°电角度呈空间分布，图 6-4 为永磁同步电动机在静止坐标系下的等效模型结构图。图中 *OA*、*OB*、*OC* 为三相定子绕组的轴线，取转子的轴线与定子 *A* 相绕组轴线的电角度为 θ。

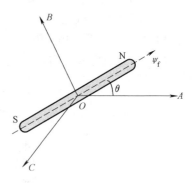

图 6-4　永磁同步电动机等效模型

根据电动机每相绕组电压与电阻压降和磁链变化相平衡的关系，可以得到永磁同步电动机三相绕组的电压平衡方程：

$$\begin{pmatrix} u_A \\ u_B \\ u_C \end{pmatrix} = \begin{pmatrix} R_s & 0 & 0 \\ 0 & R_s & 0 \\ 0 & 0 & R_s \end{pmatrix} \begin{pmatrix} i_A \\ i_B \\ i_C \end{pmatrix} + p \begin{pmatrix} \psi_A \\ \psi_B \\ \psi_C \end{pmatrix} \tag{6-1}$$

式中，u_A、u_B、u_C 是各相定子绕组相电压；i_A、i_B、i_C 是各相绕组相电流；ψ_A、ψ_B、ψ_C 是各相绕组磁链；R_s 是电枢绕组电阻；p 是微分算子 $\mathrm{d}/\mathrm{d}t$。

永磁同步电动机每相绕组的磁链是由定子绕组电流和转子永磁体共同产生的，其磁链方程可以表示为

$$\begin{pmatrix} \psi_A \\ \psi_B \\ \psi_C \end{pmatrix} = \begin{pmatrix} L_{AA} & L_{AB} & L_{AC} \\ L_{BA} & L_{BB} & L_{BC} \\ L_{CA} & L_{CB} & L_{CC} \end{pmatrix} \begin{pmatrix} i_A \\ i_B \\ i_C \end{pmatrix} + \begin{pmatrix} \psi_f^A \\ \psi_f^B \\ \psi_f^C \end{pmatrix} \tag{6-2}$$

式中，L_{AA}、L_{BB}、L_{CC} 是每相绕组自感；L_{AB}、L_{BA}、L_{AC}、L_{CA}、L_{BC}、L_{CB} 是两相绕组互感；ψ_f^A、ψ_f^B、ψ_f^C 是转子磁链在每相绕组中产生的交链。

而由于电动机转子磁链呈正弦分布，可得

$$\begin{pmatrix} \psi_f^A \\ \psi_f^B \\ \psi_f^C \end{pmatrix} = \psi_f \begin{pmatrix} \cos\theta \\ \cos(\theta-120°) \\ \cos(\theta-240°) \end{pmatrix} \tag{6-3}$$

式中，ψ_f 是转子每极永磁磁链的幅值。

将式（6-2）、式（6-3）代入式（6-1）可以得到永磁同步电动机电枢绕组中的电压回路方程为

$$\begin{pmatrix} u_A \\ u_B \\ u_C \end{pmatrix} = \begin{pmatrix} R_s & 0 & 0 \\ 0 & R_s & 0 \\ 0 & 0 & R_s \end{pmatrix} \begin{pmatrix} i_A \\ i_B \\ i_C \end{pmatrix} + \begin{pmatrix} L_{AA} & L_{AB} & L_{AC} \\ L_{BA} & L_{BB} & L_{BC} \\ L_{CA} & L_{CB} & L_{CC} \end{pmatrix} p \begin{pmatrix} i_A \\ i_B \\ i_C \end{pmatrix} + p\psi_f \begin{pmatrix} \cos\theta \\ \cos(\theta-120°) \\ \cos(\theta-240°) \end{pmatrix} \quad (6\text{-}4)$$

根据永磁同步电动机三相绕组呈对称性分布，可知定子绕组的自感 $L_{AA}=L_{BB}=L_{CC}=L_{ms}+L_{ls}$，绕组之间的互感 $L_{AB}=L_{BA}=L_{AC}=L_{CA}=L_{BC}=L_{CB}=-\dfrac{1}{2}L_{ms}$，其中 L_{ls} 是漏感，L_{ms} 是互感。假定同步电动机三相绕组为丫形联结，则定子三相电流的代数和为 0，即

$$i_A + i_B + i_C = 0 \quad (6\text{-}5)$$

由以上条件可以简化式（6-4）得最终的永磁同步电动机电压方程为

$$\begin{pmatrix} u_A \\ u_B \\ u_C \end{pmatrix} = \begin{pmatrix} R_s+Lp & 0 & 0 \\ 0 & R_s+Lp & 0 \\ 0 & 0 & R_s+Lp \end{pmatrix} \begin{pmatrix} i_A \\ i_B \\ i_C \end{pmatrix} - \psi_f\omega_r \begin{pmatrix} \sin\theta \\ \sin(\theta-120°) \\ \sin(\theta-240°) \end{pmatrix} \quad (6\text{-}6)$$

式中，$L=\dfrac{3}{2}L_{ms}+L_{ls}$；$\omega_r$ 是转子旋转角速度。

2. Odq 轴系下的数学模型

在同步电动机对称性三相绕组中，由电枢电流代数和为 0 可知，三相变量中只有两相是独立的，三相坐标系下的数学模型并不是其物理对象最简洁的描述。为简化和求解永磁同步电动机的数学方程，获得简单准确的控制方法和良好的动态性能，必须运用电动机坐标变换原理对同步电动机自然坐标系的基本电磁方程进行线性变换，实现电动机数学模型的解耦。磁场定向的同步电动机常用坐标系如图 6-5 所示，其中 $OABC$ 轴系为同步电动机静止坐标系，$O\alpha\beta$ 轴系为同步电动机两相静止坐标系，Odq 轴系为同步电动机转子轴线坐标系。为了实现解耦控制，需要实现 $OABC$ 轴系到 Odq 轴系的坐标变换。

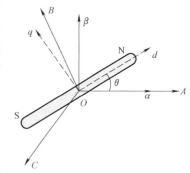

图 6-5 永磁同步电动机
三坐标系关系

通过变换矩阵可以对电动机的电流、电压和磁链进行坐标轴系的变换，代入 $OABC$ 坐标系下的电压回路方程可以得到永磁同步电动机在转子旋转轴系下的方程，具体推导过程如下。

由三相 $OABC$ 坐标系的电压方程经 3/2 变换得到两相 $O\alpha\beta$ 坐标系下的电压方程：

$$\begin{pmatrix} u_\alpha \\ u_\beta \end{pmatrix} = \sqrt{\dfrac{2}{3}} \begin{pmatrix} 1 & -\dfrac{1}{2} & -\dfrac{1}{2} \\ 0 & \dfrac{\sqrt{3}}{2} & -\dfrac{\sqrt{3}}{2} \end{pmatrix} \begin{pmatrix} u_A \\ u_B \\ u_C \end{pmatrix}$$

$$= \sqrt{\dfrac{2}{3}} \begin{pmatrix} 1 & -\dfrac{1}{2} & -\dfrac{1}{2} \\ 0 & \dfrac{\sqrt{3}}{2} & -\dfrac{\sqrt{3}}{2} \end{pmatrix} \begin{pmatrix} R_s+Lp & 0 & 0 \\ 0 & R_s+Lp & 0 \\ 0 & 0 & R_s+Lp \end{pmatrix} \begin{pmatrix} i_A \\ i_B \\ i_C \end{pmatrix} - \psi_f\omega_r \times$$

$$\sqrt{\frac{2}{3}}\begin{pmatrix}1 & -\dfrac{1}{2} & -\dfrac{1}{2} \\ 0 & \dfrac{\sqrt{3}}{2} & -\dfrac{\sqrt{3}}{2}\end{pmatrix}\begin{pmatrix}\sin\theta \\ \sin(\theta-120°) \\ \sin(\theta-240°)\end{pmatrix}$$

$$=\sqrt{\frac{2}{3}}\begin{pmatrix}1 & -\dfrac{1}{2} & -\dfrac{1}{2} \\ 0 & \dfrac{\sqrt{3}}{2} & -\dfrac{\sqrt{3}}{2}\end{pmatrix}\begin{pmatrix}R_s+Lp & 0 & 0 \\ 0 & R_s+Lp & 0 \\ 0 & 0 & R_s+Lp\end{pmatrix}\sqrt{\frac{2}{3}}\begin{pmatrix}1 & 0 \\ -\dfrac{1}{2} & \dfrac{\sqrt{3}}{2} \\ -\dfrac{1}{2} & -\dfrac{\sqrt{3}}{2}\end{pmatrix}\begin{pmatrix}i_\alpha \\ i_\beta\end{pmatrix}-$$

$$\psi_f\omega_r\times\sqrt{\frac{2}{3}}\begin{pmatrix}1 & -\dfrac{1}{2} & -\dfrac{1}{2} \\ 0 & \dfrac{\sqrt{3}}{2} & -\dfrac{\sqrt{3}}{2}\end{pmatrix}\begin{pmatrix}\sin\theta \\ \sin(\theta-120°) \\ \sin(\theta-240°)\end{pmatrix}$$

化简得

$$\begin{pmatrix}u_\alpha \\ u_\beta\end{pmatrix}=\begin{pmatrix}R_s+Lp & 0 \\ 0 & R_s+Lp\end{pmatrix}\begin{pmatrix}i_\alpha \\ i_\beta\end{pmatrix}-\sqrt{\frac{2}{3}}\psi_f\omega_r\begin{pmatrix}\dfrac{3}{2}\sin\theta \\ -\dfrac{3}{2}\cos\theta\end{pmatrix} \tag{6-7}$$

由式（6-7）的两相 $O\alpha\beta$ 坐标系下的电压方程变换得到两相 Odq 坐标系下的电压方程：

$$\begin{pmatrix}u_d \\ u_q\end{pmatrix}=\begin{pmatrix}\cos\theta & \sin\theta \\ -\sin\theta & \cos\theta\end{pmatrix}\begin{pmatrix}R_s+Lp & 0 \\ 0 & R_s+Lp\end{pmatrix}\begin{pmatrix}\cos\theta & -\sin\theta \\ \sin\theta & \cos\theta\end{pmatrix}\begin{pmatrix}i_d \\ i_q\end{pmatrix}-$$

$$\sqrt{\frac{2}{3}}\psi_f\omega_r\begin{pmatrix}\cos\theta & \sin\theta \\ -\sin\theta & \cos\theta\end{pmatrix}\begin{pmatrix}\dfrac{3}{2}\sin\theta \\ -\dfrac{3}{2}\cos\theta\end{pmatrix}$$

化简得

$$\begin{pmatrix}u_d \\ u_q\end{pmatrix}=\begin{pmatrix}R_s+L_dp & -L_q\omega_r \\ L_d\omega_r & R_s+L_qp\end{pmatrix}\begin{pmatrix}i_d \\ i_q\end{pmatrix}+\begin{pmatrix}0 \\ \sqrt{\dfrac{3}{2}}\psi_f\omega_r\end{pmatrix}$$

式中，$L_d=L_q=L$（如果气隙不均匀则 d、q 轴电感不相等）。

在 Odq 坐标系下，输出电磁转矩表示为

$$T_e=P(\psi_d i_q-\psi_q i_d)=P[\psi_f i_q+(L_d-L_q)i_d i_q] \tag{6-8}$$

式中，P 是电动机极对数。在输出转矩中含有两个分量，第一项是永磁转矩，第二项是气隙不均匀所造成的磁阻转矩。

6.1.2 永磁同步电动机矢量控制原理

矢量控制实际上是对电动机定子电流矢量相位和幅值的控制，由式（6-8）可看出，当转子的磁链和直、交轴电感确定后，电动机的转矩由定子电流的 i_d 和 i_q 决定，而 i_d 和 i_q 是将定子电流分解成励磁电流和转矩电流两个相互垂直的分量，两分量相互独立，对分量分别进行调节可以实现转矩控制。永磁同步电动机的用途不同，电动机电流的矢量控制方法也各

不相同，可采用的控制方法主要有 $i_d = 0$ 控制、$\cos\phi = 1$ 控制、恒磁链控制、最大转矩/电流控制、弱磁控制等。不同的电流控制方法有不同的特点，其中 $i_d = 0$ 的控制最普遍最简单，下面介绍此种方法，其他方法可参阅相关书籍。

令 $i_d = 0$，由式（6-8）可以得到永磁同步电动机的转矩方程为

$$T_e = P\psi_f i_q \tag{6-9}$$

此时，电动机定子电流只有 q 轴分量，可以使正弦波永磁同步电动机具有和直流电动机一样的控制特性。永磁同步电动机 $i_d = 0$ 控制的空间矢量图如图 6-6 所示。由于定子电流 d 轴分量为 0，不存在 d 轴电枢反应，因此不产生对永磁体的作用。同时，电流 i_q 即为定子电流 i_s，电流 i_s 与磁链 ψ_f 相互独立，转矩的输出与定子电流的幅值成正比。

图 6-7 为 $i_d = 0$ 控制系统框图。图中，电流传感器测量逆变器输出的定子电流，i_A、i_B 是静止坐标系中的交流信号，通过 3/2 变换（Clarke 变换）和旋转变换（Park 变换）转换成旋转坐标系中的直流分量 i_q、i_d 作为反馈，通过控制器调节后得到的控制量 u_d、u_q 也属于两个相互垂直的分量，这样的控制可以像直流电动机一样，一个实现磁场电流 i_d 的控制，而另一个则控制转矩电流 i_q，然后再对这两个垂直量进行坐标变换得到静止坐标系下的控制量。

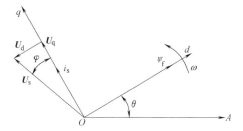

图 6-6　$i_d = 0$ 控制的电动机矢量图

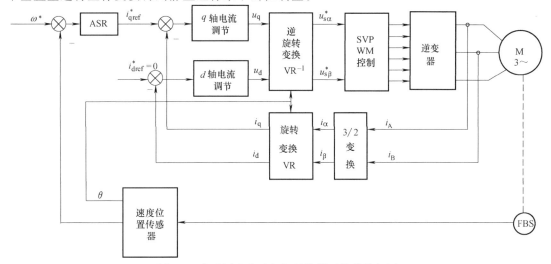

图 6-7　永磁同步电动机矢量控制系统结构框图

6.2　永磁同步电动机控制的硬件设计

6.2.1　永磁同步电动机驱动器的总体硬件电路

图 6-8 为永磁同步电动机控制器的总体硬件电路结构框图，控制器包含电源电路、

STM32F103C8T6 及其外围电路、检测电路、通信电路、逆变主电路及其驱动电路。其中，控制器所需的变量及要实现的功能都通过相应的检测电路实现，检测电路的质量直接影响控制器控制性能；通信电路则是实现永磁同步电动机控制器与外围之间通信的桥梁，通信电路的稳定性直接影响电动机驱动器能否完成主控制器的指令。

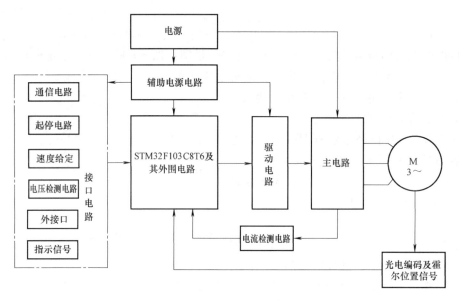

图 6-8　控制器硬件总体框图

6.2.2　与无刷直流电动机硬件的差别

永磁同步电动机的硬件与前面分析的无刷直流电动机的硬件基本一样，差别在于增加了相电流的检测和转子位置的光电编码器信号的检测，与之相应的 CPU 的接口会不一样，如图 6-9 所示，PB4、PB5 和 PA15 由原先的外围接口变为光电编码器的 AB 信号及 Z 点信号输

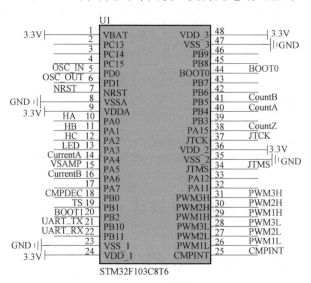

图 6-9　CPU 的接口图

入，PA4 和 PA6 是检测 A、B 相电流的输入口。

相电流检测电路如图 6-10 所示，采用 ACS712 芯片，该芯片基于霍尔感应的原理设计，由一

个精确的低偏移线性霍尔传感器电路与位于
接近 IC 表面的铜箔组成，电流流过铜箔时，
产生一个磁场，霍尔元件根据磁场感应出一
个线性的电压信号，经过内部的放大、滤
波、斩波与修正电路，输出一个电压信号，
该信号从芯片的第 7 脚输出，直接反映出流
经铜箔电流的大小。ACS712 根据尾缀的不一
样，量程分为 3 个规格：±5A、±20A、
±30A。输入与输出在量程范围内为良好的线
性关系，其系数 Sensitivity 分别为 185mV/A、
100mV/A、66mV/A。因为斩波电路的原因，
其输出将加载于 $0.5V_{cc}$ 上。ACS712 的 V_{cc} 电
源一般采用 5V，输出与输入的关系为 $V_{out} = 0.5V_{cc} + I_p \times Sensitivity$。一般输出的电压信号
介于 0.5 ~ 4.5V 之间，如果 CPU 芯片是 3V

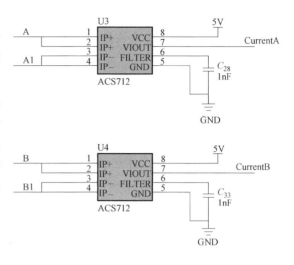

图 6-10　相电流检测电路

的，ACS712 输出接分压或者检测的电流小能满足电压范围。

图 6-11 为光电编码器信号接口图，在实际中的光电编码器的信号可能不止 3 个，但这 3 个信
号是最基本的，A、B 信号接在 PB4 和 PB5（CountA 和 CountB）是要通过 TIM3 完成正交编码信
号的采集，而 Z（CountZ）信号接在 PA15 是通过 TIM2 的捕获来完成电动机原点位置校正。

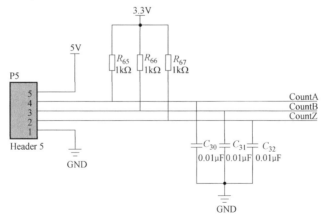

图 6-11　光电编码器信号接口图

6.3　永磁同步电动机控制的软件设计

6.3.1　软件设计总体结构

对永磁同步电动机伺服控制系统的软件总体设计包括主程序以及高级定时器 1 上下溢中

断、定时器 4 周期中断、定时器 3 捕获中断、定时器 2 捕获中断及通信中断子程序。主程序的主要工作是初始化系统和外围设备模块的初始化。定时器 1 上下溢中断主要是检测相电流信息，完成矢量控制坐标变换，并根据电压控制值产生相应的 SVPWM 波形；定时器 4 周期中断主要工作是读取位置及速度计算，确定电动机位置、转速及转向；定时器 3 捕获中断主要实现 *M/T* 法测速时对编码器脉冲和高频时钟脉冲的计数；定时器 2 捕获中断主要工作是在检测到光电编码器输出 Z 零位脉冲信号时，实现电动机转子电角度位置的校正，并且让电动机旋转圈数加 1；通信中断主要工作是实现控制核心 CPU 与外部的数据交换。控制系统主程序如图 6-12 所示，系统主程序由系统初始化、各模块初始化及转子位置初始化几部分组成。

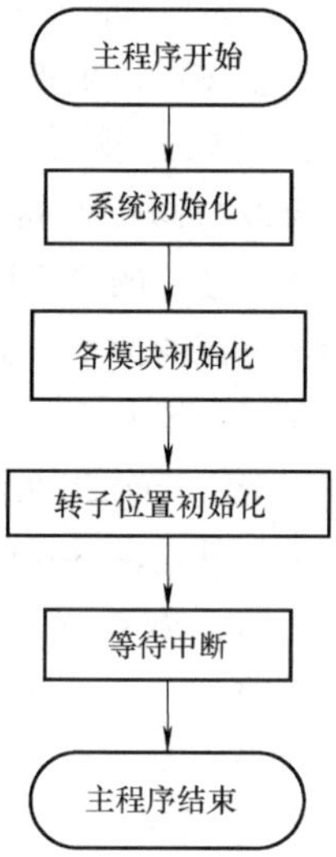

1）系统初始化主要是系统时钟设置，包括锁相环（PLL）时钟、HCLK（AHB）时钟、PCLK1 时钟、PCLK2 时钟及定时器时钟。

2）外设模块的初始化包括定时器、模-数转换模块（ADC）及串行通信的初始化。

3）永磁同步电动机的矢量控制中需要知道电动机转子的具体位置，但电动机在转动之前并不能得知转子的位置，因此需要对电动机转子的位置进行初始化。

传统的转子位置初始化采用的是电动机磁极定位法，此法的工作原理是为了能让电动机转至固定位置，而给电动机通以对应位置磁场的直流电，这种方法难免产生机械运动冲击。下面介绍一种新的方法——结合 SVPWM 控制原理，通过霍尔信号检测初始位置的方法，以实现永磁转子的初始定位控制。

现以 A 相绕组所对应的反电动势进行说明，由第 4 章可知当 A 相上桥臂和 B、C 相的下桥臂同时导通时所产生的电压矢量为基本电压矢量 U_1，电角度为 0°，假定方向如图 6-13a 所示，由此可得到 U_2（A、B 相上桥臂和 C 相的下桥臂同时导通），合成电压矢量由 0° 逐渐增大是如图顺转方向。图 6-13 为转子在各个时间段内的位置，当电动机转子处于如图 6-13a 所示的位置时，转子永磁体没有对 A 相绕组做切割磁感线的运动，从而此时不会有反电动势的产生。当电动机转子运动至如图 6-13b 所示的位置过程中，转子永磁体切割绕组线圈，A 相绕组将感应出反电动势，此反电动势为负，为什么判断反电动势为负呢？因为此时反电动势作用的电流方向与 U_1 作用的电流方向一致，同理图 6-13c 和图 6-13d 对应反电动势如

图 6-12 控制系统主程序

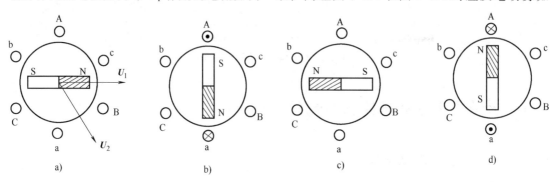

a)   b)   c)   d)

图 6-13　电动机转子在不同位置时 A 相绕组上反电动势的变化情况

图 6-14 所示。

由于电动机的中性点没有单独引出，则无法对其反电动势波形进行测试。针对此种情况，可采用重构中性点的方法来实现对电动机反电动势波形的测试。重构中性点可采用 3 个阻值相同的电阻，3 个电阻的一端接在一起，等效于电动机的中性点，另一端分别与电动机的三相相线相接，形成星形联结，等效于电动机定子绕组。图 6-15 为上述方法重构电动机中性点的等效原理图。

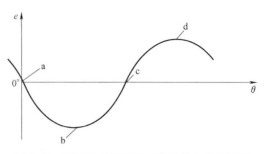

图 6-14 转子位置及其相对应的反电动势波形

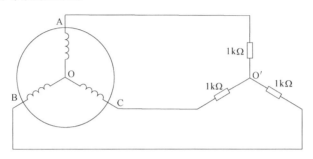

图 6-15 重构电动机中性点结构原理图

示波器的参考点接在重构中性点 O′，示波器的 CH1 通道接电动机的相线，CH2 通道接霍尔传感器的反馈信号。为更好地测出电动机反电动势与霍尔位置信号的波形，可采用两个电动机同轴相连，一个电动机工作在电动状态，按一定速度旋转，并带动另一个电动机旋转，如图 6-16 所示。

使主动电动机按顺时针方向匀速带动另一个电动机旋转，并用示波器记录从动电动机三相产生反电动势与霍尔信号之间的相位对应关系。图 6-17 为三相绕组中的 A 相绕组上的反电动势与霍尔位置信号 H1、H2、H3 之间的相位波形及 B 相绕组上的反电动势与霍尔位置信号 H1 之间的相位波形。三相霍尔信号跳变对应电角度关系如图 6-18 所示。

综上分析可知，根据霍尔信号与反电动势的相位关系，可以得出电动机逆转时转子的位置角度，其具体关系见表 6-1。

图 6-16 电动机连轴装置

表 6-1 三相霍尔信号与电动机转子之间的相位关系

霍尔状态信号（H3H2H1）	110	010	011	001	101	100
信号值	06	02	03	01	05	04
转子角度	330°	30°	90°	150°	210°	270°

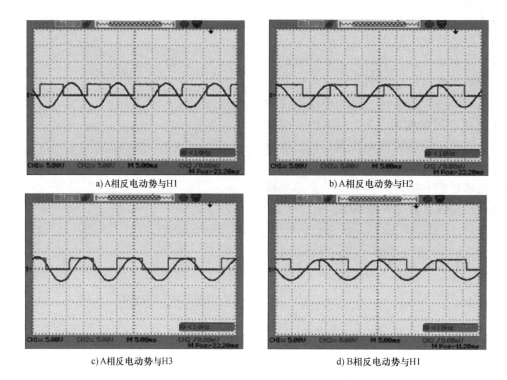

a) A相反电动势与H1   b) A相反电动势与H2

c) A相反电动势与H3   d) B相反电动势与H1

图 6-17 电动机反电动势与霍尔信号的相位关系

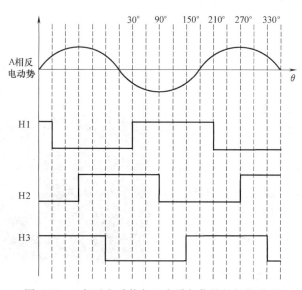

图 6-18 A 相反电动势与 3 个霍尔信号的相位关系

根据表 6-1，当转子逆转并处于图 6-19 所示的位置时，霍尔信号由 06 变为 04，转子电角度为 270°，因此转子校正角度 θ_{set} 赋 270°。

实际中可通过开环 SVPWM 控制的方法确定霍尔信号跳变与电角度的关系，这也是第 5 章关于自学习得到绕组与霍尔的关系问题。所谓开环 SVPWM 是指电压矢量幅值恒定而角度在 PWM 周期中断中增加，这就相当于产生圆形的旋转电压矢量，这个电压矢量通过

SVPWM 驱动逆变器实现电动机控制。如果电动机转速较慢，在霍尔信号跳变时转子的位置就是旋转电压矢量的电角度。

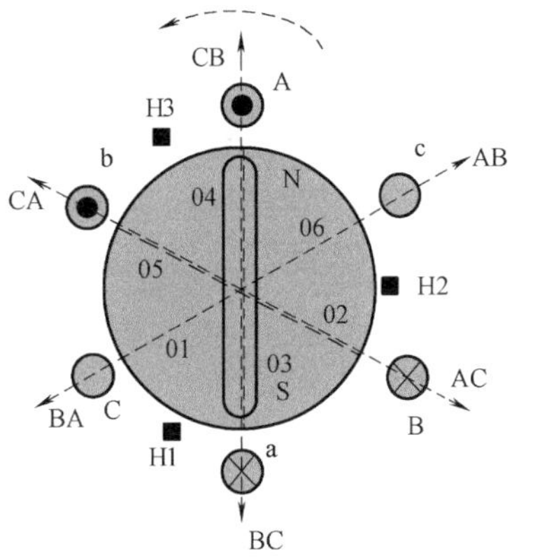

6.3.2　合成电压矢量幅值及其与 d 轴夹角的计算

空间电压矢量 PWM 控制算法需要用到合成电压矢量的幅值以及合成电压矢量角，合成电压矢量角由转子位置角跟合成电压矢量与 d 轴的夹角两者进行相加得到。电动机转子位置角可通过光电编码器求出，通过 d 轴和 q 轴上的两个基本电压矢量 u_d、u_q 根据相应的合成法则进行合成，可得到合成电压矢量的幅值 u_s 以及其与 d 轴的夹角 θ_{dq}。u_s 和 θ_{dq} 的计算公式为

图 6-19　三相绕组、霍尔信号、转子位置及电角度关系

$$\begin{cases} u_s = \sqrt{u_d^2 + u_q^2} \\ \theta_{dq} = \arctan \dfrac{u_q}{u_d} \end{cases} \tag{6-10}$$

根据式（6-10）可知，合成电压矢量的幅值可通过 d、q 轴电压分量的二次方和再开二次方根求出，合成电压矢量与 d 轴的夹角可通过 q 轴电压分量与 d 轴电压分量的比值再进行反正切得到。由于计算过程中涉及反正切函数和开根号等运算，为使程序更易编写，需制作两个表格，其中一个表格用于反正切函数的计算，另一个则用于开二次方根的运算。程序执行该运算时只需读取表格内的数即可。由相应的数学知识可知，360° 可分为 4 个象限。为计算合成电压矢量及其与 d 轴的夹角将 4 个象限划分为 8 个区，每个区为 45°，加上原点一共分成 17 种情况，如图 6-20 所示。根据不同的情况及相应的公式即可求出合成电压矢量与 d 轴的夹角，具体程序如下。

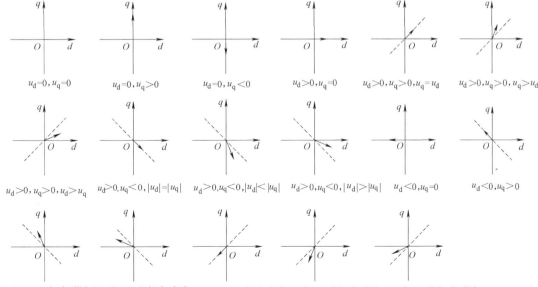

图 6-20　合成电压矢量幅值及其与 d 轴的夹角情况分类

```
void RP_transformation( )
{
    Us_Tmep_value1 = abs( Ud) ;
    Us_Tmep_value2 = abs( Uq) ;
    if( Ud = = 0)
    {
        if( Uq = = 0)
        {
            Us_value = 0 ; //位于坐标原点
            Thita_dq = 0 ;
        }
        else if( Uq>0)
        {
            Us_value = Us_Tmep_value2 ;    //位于 q 轴正半轴
            Thita_dq = Degree90 ;
        }
        else
        {
            Us_value = Us_Tmep_value2 ;    //位于 q 轴负半轴
            Thita_dq = Degree270 ;
        }
    }
    else if( Ud>0)
    {

        if( Uq = = 0)
        {
            Us_value = Us_Tmep_value1 ;        //位于 d 轴正半轴
            Thita_dq = Degree0 ;
        }
        else if( Uq>0)
        {
            if( Us_Tmep_value1 = = Us_Tmep_value2 )
            {
                Us_value = ( long) Us_Tmep_value2 * ( long) SQRT2>>10 ;
                Thita_dq = Degree45 ;
            }
            else if( Us_Tmep_value1<Us_Tmep_value2 )
            {
```

```
            TXX = ( long) Us_Tmep_value1 * 2048;
            Ud_Tmep_value1 = TXX/( long) Us_Tmep_value2;        //45°~90°之间
            UX_Tmep_value1 = ( long) Ud_Tmep_value1 * ( long) Ud_Tmep_value1>>11;
            Us_value = ( long) Us_Tmep_value2 * ( long) SqrtTable[ UX_Tmep_value1 ]>>13;
            Thita_dq = Degree90−ArcTanTable[ Ud_Tmep_value1 ];
        }
        else
        {
            TXX = ( long) Us_Tmep_value2 * 2048;
            Uq_Tmep_value2 = TXX/( long) Us_Tmep_value1;
            UX_Tmep_value2 = ( long) Uq_Tmep_value2 * ( long) Uq_Tmep_value2>>11;
            Us_value = ( long) Us_Tmep_value1 * ( long) SqrtTable[ UX_Tmep_value2 ]>>13;
//位于0~45°之间
            Thita_dq = ArcTanTable[ Uq_Tmep_value2 ];
        }
    }
    else
    {
        if( Us_Tmep_value1 = = Us_Tmep_value2 )
        {
            Us_value = ( long) Us_Tmep_value2 * ( long) SQRT2>>10;
            Thita_dq = Degree315;
        }
        else if( Us_Tmep_value1<Us_Tmep_value2 )
        {
            TXX = ( long) Us_Tmep_value1 * 2048;
            Ud_Tmep_value1 = TXX/( long) Us_Tmep_value2;        //位于270°~315°之间
            UX_Tmep_value1 = ( long) Ud_Tmep_value1 * ( long) Ud_Tmep_value1>>11;
            Us_value = ( long) Us_Tmep_value2 * ( long) SqrtTable[ UX_Tmep_value1 ]>>13;
            Thita_dq = Degree270+ArcTanTable[ Ud_Tmep_value1 ];
        }
        else
        {
            TXX = ( long) Us_Tmep_value2 * 2048;
            Uq_Tmep_value2 = TXX/( long) Us_Tmep_value1;        //位于315°~360°之间
UX_Tmep_value2 = ( long) Uq_Tmep_value2 * ( long) Uq_Tmep_value2>>11;
            Us_value = ( long) Us_Tmep_value1 * ( long) SqrtTable[ UX_Tmep_value2 ]>>13;
            Thita_dq = Degree360−ArcTanTable[ Uq_Tmep_value2 ];
        }
```

```
        }
    }
    else
    {
        if( Uq = = 0)
        {
            Us_value = Us_Tmep_value1;        //位于 d 轴负半轴
            Thita_dq = Degree180;
        }
        else if( Uq>0)
        {
            if( Us_Tmep_value1 = = Us_Tmep_value2)
            {
                Us_value = (long)Us_Tmep_value2 * (long)SQRT2>>10;
                Thita_dq = Degree135;
            }
            else if( Us_Tmep_value1<Us_Tmep_value2)
            {
                TXX = (long)Us_Tmep_value1 * 2048;
                Ud_Tmep_value1 = TXX/(long)Us_Tmep_value2;        //位于 90°~135°之间
            UX_Tmep_value1 = (long)Ud_Tmep_value1 * (long)Ud_Tmep_value1>>11;
                Us_value = (long)Us_Tmep_value2 * (long)SqrtTable[UX_Tmep_value1]>>13;
                Thita_dq = Degree90+ArcTanTable[Ud_Tmep_value1];
            }
            else
            {
                TXX = (long)Us_Tmep_value2 * 2048;
                Uq_Tmep_value2 = TXX/(long)Us_Tmep_value1;        //位于 135°~90°之间
            UX_Tmep_value2 = (long)Uq_Tmep_value2 * (long)Uq_Tmep_value2>>11;
                Us_value = (long)Us_Tmep_value1 * (long)SqrtTable[UX_Tmep_value2]>>13;
                Thita_dq = Degree180-ArcTanTable[Uq_Tmep_value2];
            }
        }
        else
        {
            if( Us_Tmep_value1 = = Us_Tmep_value2)
            {
                Us_value = (long)Us_Tmep_value2 * (long)SQRT2>>10;
                Thita_dq = Degree225;
```

```
         }
      else if( Us_Tmep_value1<Us_Tmep_value2 )
      {
         TXX = ( long ) Us_Tmep_value1 * 2048;
         Ud_Tmep_value1 = TXX/( long ) Us_Tmep_value2;        //位于 225°~270°之间
   UX_Tmep_value1 = ( long ) Ud_Tmep_value1 * ( long ) Ud_Tmep_value1>>11;
         Us_value = ( long ) Us_Tmep_value2 * ( long ) SqrtTable[ UX_Tmep_value1 ]>>13;
         Thita_dq = Degree270-ArcTanTable[ Ud_Tmep_value1 ];
      }
      else
      {
         TXX = ( long ) Us_Tmep_value2 * 2048;
         Uq_Tmep_value2 = TXX/( long ) Us_Tmep_value1;
         UX_Tmep_value2 = ( long ) Uq_Tmep_value2 * ( long ) Uq_Tmep_value2>>11;
         Us_value = ( long ) Us_Tmep_value1 * ( long ) SqrtTable[ UX_Tmep_value2 ]>>13; //
位于 180°~225°之间
         Thita_dq = Degree180+ArcTanTable[ Uq_Tmep_value2 ];
      }
   }
   }
}
```

6.3.3　电动机转子实时角度的计算

　　每个 PWM 周期的转子位置变化是通过安装在电动机上的每转 4000 个脉冲的光电码盘实现的，光电码盘能产生 A、B 两路相位互差 90°的脉冲输出，分别连接到 STM32 的 TIM3CH1 和 TIM3CH2 上，设置定时器 3 编码器模式，则定时器 3 就会根据 A、B 中的哪个超前来判断是增计数，还是减计数，同时在寄存器 CR1 中的第 4 位反映出来，若该位置 0，则向上计数，否则向下计数。如下程序为一个 PWM 周期的转子位置的角度实时计算，而电压矢量的角度是在转子位置的角度之上加上电压矢量在旋转坐标的角度（上面求出的 d 轴夹角 θ_{dq}）。

```
extent_temp1 = TIM3->CNT;
if( dir = = 0 )
{
   if( extent_temp2>extent_temp1 )
   {
      extent_temp = 65536-extent_temp2+extent_temp1;
      extent_D+ = extent_temp;
   }
   else if( extent_temp1> = extent_temp2 )
```

```
            {
                extent_temp = extent_temp1 - extent_temp2;
                extent_D += extent_temp;
            }
        else if( dir == 1)
            {
              if( extent_temp1 > extent_temp2)
                {
                extent_temp = 65536 - extent_temp1 + extent_temp2;
                extent_D -= extent_temp;
                }
              else if( extent_temp2 >= extent_temp1)
                {
                extent_temp = extent_temp2 - extent_temp1;
                extent_D -= extent_temp;
                }
            }
    extent_temp2 = extent_temp1;

      if( extent_D<0)
        {
    extent_D = 2000 + extent_D;
        }
      if( extent_D>2000)
        {
    extent_D = extent_D - 2000; //   extent_D = extent_D-2000 是两极对的电动机,所以机械
的半圈就是电气角度的一圈
        }
        thita_ZhuanZi = extent_D * 6291;  //与 sin 表对应起来,0~2000 对应 0~12288//由
于是两极对,4000 是一个机械周期,2000 就为一个电周期,12288×1024/2000 = 6291,Q10 格式
        thita_ZhuanZi = thita_ZhuanZi>>10;


    }
```

6.3.4　定时器中断程序分析

高级定时器 1 的中断是核心,电动机控制中的重要控制功能大部分都放在 TIM1 中断中。定时器中断根据计数方式的不同可分为上溢中断和下溢中断。图 6-21 为 TIM1 中断流程图,可看出此中断产生 SVPWM 波,首先完成电流采集和坐标变换,并对电流环进行调节,在得到 d、q 轴电压后通过 RP 变换(直角坐标/极坐标变换)求出电压矢量幅值和角度。

TIM1 中断程序如下:

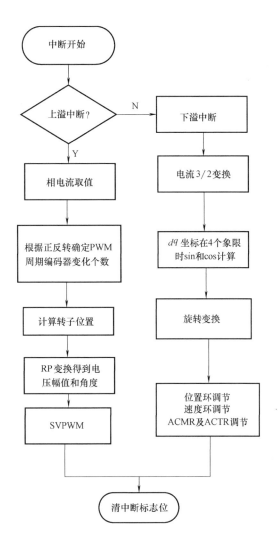

图 6-21　TIM1 中断流程图

```
void TIM1_UP_IRQHandler( void )
  {
    if ( TIM1->CNT<half_pwm_pr )
      {
        IsAlpha = Isa * ( long ) ThreeDivide2Q14>>14 ;
        IsBeta = ( Isa * ( long ) Sqrt3Divide2Q14+Isb * ( long ) Sqrt3Q14 )>>14 ;
        if( thita_ZhuanZi<3072 )
        {
          SinThita = SinTable[ thita_ZhuanZi ] ;            // 值域 0~3071
          CosThita = SinTable[ 3071-thita_ZhuanZi ] ;        // Thita 位于第一象限
        }
      else if( thita_ZhuanZi<6144 )
```

```
        {
    SinThita =    SinTable[6143-thita_ZhuanZi];   // Thita 位于第二象限
    CosThita = -SinTable[thita_ZhuanZi-3072];   // 值域 3072～6143
        }
    else if( thita_ZhuanZi<9216)
        {
    SinThita = -SinTable[thita_ZhuanZi-6144];   // Thita 位于三象限
    CosThita = -SinTable[9215-thita_ZhuanZi];   // 值域 6144～9215
        }
    else
        {
    SinThita = -SinTable[12287-thita_ZhuanZi];   // Thita 位于第四象限
    CosThita =    SinTable[thita_ZhuanZi-9216];   // 值域 9216～12287
        }
    IsD = (long)(IsAlpha * (long)CosThita+IsBeta * (long)SinThita )>>15;
    IsQ = (long)(-IsAlpha * (long)SinThita+IsBeta * (long)CosThita )>>15;
    jk++;
    if( jk>50)
        {
            speed_ref=POSITION_PI( );
        jk = 0;

        }
    jf++;
    if( jf>30)
        {
        Te=ASR_PI( );
        jf=0;
        }
    jg++;
    if( jg>10)
        {
        Ud=ACMR_PI( );
        Uq=ACTR_PI( );
        jg=0;
        }
    RP_transformation( );//合成电压矢量幅值及其与 d 轴夹角的计算
    Thita = thita_ZhuanZi+Thita_dq;
    svpwm( );
```

```
        }
    if( TIM1->CNT>half_pwm_pr)
        {
        Isa = ADCConvertedValue[ 0 ]-3120;
        Isb = ADCConvertedValue[ 1 ]-3132;
        dir = ( TIM3->CR1&0x10)>>4;//01 计数器计数方向位
        extent_temp1 = TIM3->CNT;
        if( dir = = 0 )
            {
            if( extent_temp2>extent_temp1)
                {
                    extent_temp = 65536-extent_temp2+extent_temp1;
                    extent_D+ = extent_temp;
                }
            else if( extent_temp1> = extent_temp2)
                {
                    extent_temp = extent_temp1-extent_temp2;
                    extent_D+ = extent_temp;
                }
        else if( dir = = 1 )
            {
            if( extent_temp1>extent_temp2)
                {
                extent_temp = 65536-extent_temp1+extent_temp2;
                extent_D- = extent_temp;
                }
            else if( extent_temp2> = extent_temp1 )
                {
                extent_temp = extent_temp2-extent_temp1;
                extent_D- = extent_temp;
                }
    extent_temp2 = extent_temp1;

    if( extent_D<0)
        {
extent_D = 2000+extent_D;
        }
    if( extent_D>2000)
        {
```

extent_D = extent_D −2000; //   extent_D = extent_D −2000 是两极对的电动机,所以机械的半圈就是电气角度的一圈

     }

thita_ZhuanZi = extent_D ∗ 6291; //与 sin 表对应起来,0~2000 对应 0~12288//由于是两极对,4000 是一个机械周期,2000 就为一个电周期,12288×1024/2000 = 6291

thita_ZhuanZi = thita_ZhuanZi>>10;

  }

TIM_ClearITPendingBit(TIM1, TIM_IT_Update);

}

习题和思考题

1. 永磁同步电动机的优点有哪些?

2. 表面式永磁同步电动机和内置式永磁同步电动机的差别是什么?

3. 在 Odq 坐标系下,永磁同步电动机输出电磁转矩表达式是什么?$i_d = 0$ 时转矩表达式是什么?

4. 分析图 6-7。

5. 永磁同步电动机驱动器包含哪些电路模块?

6. 永磁同步电动机的硬件与无刷直流电动机的硬件差别是什么?

7. 永磁同步电动机伺服控制系统的软件设计包括哪几部分?各部分的作用是什么?

8. 如图 6-13 所示,对于图中转子位置指出对应 A 相反电动势的位置。

9. 合成电压矢量幅值及其与 d 轴夹角如何计算?

第7章

异步电动机矢量控制技术

7.1 异步电动机动态数学模型

基于稳态数学模型的异步电动机调速系统虽然能够在一定范围内实现平滑调速，但对于轧钢机、数控机床、机器人、载客电梯等动态性能高的对象，就不能完全适应了。要实现高动态性能的调速系统和位置伺服系统，必须依据异步电动机的动态数学模型采用矢量控制及坐标变换控制系统。

7.1.1 异步电动机动态数学模型的性质

电磁耦合是机电能量转换的必要条件，电流乘上磁通产生转矩，转速乘上磁通得到感应电动势，无论是直流电动机，还是交流电动机均如此，但由于电动机结构不同，其工作情况差异很大。

直流电动机的励磁绕组和电枢绕组相互独立，励磁电流和电枢电流单独可控，若忽略电枢反应或通过补偿绕组抵消，则励磁和电枢绕组各自产生的磁动势在空间相差90°，无交叉耦合。气隙磁通由励磁绕组单独产生，而电磁转矩正比于磁通与电枢电流的乘积。不考虑弱磁调速时，可以在电枢接通电源以前建立磁通，并保持励磁电流恒定，可以认为磁通不参与系统的动态过程，因此，可以通过励磁电流控制磁通，通过电枢电流控制电磁转矩。

在上述假定条件下，直流电动机的动态数学模型只有一个输入变量——电枢电压和一个输出变量——转速，可以用单变量（单输入-单输出）的线性系统来描述，完全可以应用线性控制理论和工程设计方法进行分析与设计。

而异步电动机的数学模型则不同，不能简单地使用同样的理论和方法来分析与设计异步电动机调速系统，这是由于以下几个原因。

1）异步电动机变压变频调速时需要进行电压（或电流）和频率的协调控制，有电压（或电流）和频率两种独立的输入变量。在输出变量中，除转速外，磁通也是一个输出变量，这是由于异步电动机输入为三相电源，磁通的建立和转速的变化是同时进行的，存在严重的交叉耦合。为了获得良好的动态性能，在基频以下时，希望磁通在动态过程中保持恒定，以便产生较大的动态转矩。

2）在直流电动机中，磁通能够单独控制，在基速以下运行时，容易保持磁通恒定。异步电动机无法单独对磁通进行控制，在数学模型中就含有两个变量的乘积项，因此，即使不考虑磁路饱和等因素，数学模型也是非线性的。

3）三相异步电动机定子三相绕组在空间互差120°，转子也可等效为空间互差120°的3个绕组，各绕组间存在严重的交叉耦合。此外，每个绕组都有各自的电磁惯性，再考虑运动系统的机电惯性、转速与转角的积分关系等，动态模型是一个高阶系统。

总之，异步电动机是一个高阶、非线性、强耦合的多变量系统。

7.1.2 异步电动机三相原始数学模型

在研究异步电动机数学模型时，常做如下的假设。

1）忽略空间谐波，设三相绕组对称，在空间中互差120°电角度，所产生的磁动势沿气隙按正弦规律分布。

2）忽略磁路饱和，各绕组的自感和互感都是恒定的。

3）忽略铁心损耗。

4）不考虑频率变化和温度变化对绕组电阻的影响。

无论异步电动机转子是绕线转子还是笼型的，都可以等效成三相绕线转子，并折算到定子侧，折算后的定子和转子绕组匝数都相等。三相异步电动机的物理模型如图7-1所示，定子三相绕组轴线A、B、C在空间是固定的，转子绕组轴线a、b、c随转子旋转，以A轴为参考坐标轴，转子a轴和定子A轴间的电角度θ为空间角位移变量。规定各绕组电压、电流、磁链的正方向符合电动机惯例和右手螺旋定则。

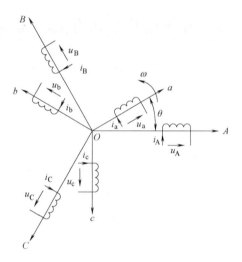

图 7-1　三相异步电动机的物理模型

异步电动机动态模型由下述电压方程、磁链方程、转矩方程和运动方程组成。

1. 电压方程

三相定子绕组的电压平衡方程为

$$\begin{cases} u_A = i_A R_s + \dfrac{\mathrm{d}\psi_A}{\mathrm{d}t} \\[2mm] u_B = i_B R_s + \dfrac{\mathrm{d}\psi_B}{\mathrm{d}t} \\[2mm] u_C = i_C R_s + \dfrac{\mathrm{d}\psi_C}{\mathrm{d}t} \end{cases} \tag{7-1}$$

与此相应，三相转子绕组折算到定子侧后的电压方程为

$$\begin{cases} u_a = i_a R_r + \dfrac{\mathrm{d}\psi_a}{\mathrm{d}t} \\[2mm] u_b = i_b R_r + \dfrac{\mathrm{d}\psi_b}{\mathrm{d}t} \\[2mm] u_c = i_c R_r + \dfrac{\mathrm{d}\psi_c}{\mathrm{d}t} \end{cases} \tag{7-2}$$

式中，u_A、u_B、u_C 和 u_a、u_b、u_c 是定子和转子相电压的瞬时值；i_A、i_B、i_C 和 i_a、i_b、i_c 是定子和转子相电流的瞬时值；ψ_A、ψ_B、ψ_C、ψ_a、ψ_b、ψ_c 是各相绕组的全磁链；R_s、R_r 是定子和转子绕组电阻。上述各量都已折算到定子侧，为了简单起见，表示折算的上角标"′"均省略，以下同此。

将电压方程写成矩阵形式为

$$
\begin{bmatrix} u_A \\ u_B \\ u_C \\ u_a \\ u_b \\ u_c \end{bmatrix} = \begin{bmatrix} R_s & 0 & 0 & 0 & 0 & 0 \\ 0 & R_s & 0 & 0 & 0 & 0 \\ 0 & 0 & R_s & 0 & 0 & 0 \\ 0 & 0 & 0 & R_r & 0 & 0 \\ 0 & 0 & 0 & 0 & R_r & 0 \\ 0 & 0 & 0 & 0 & 0 & R_r \end{bmatrix} \begin{bmatrix} i_A \\ i_B \\ i_C \\ i_a \\ i_b \\ i_c \end{bmatrix} + \frac{d}{dt} \begin{bmatrix} \psi_A \\ \psi_B \\ \psi_C \\ \psi_a \\ \psi_b \\ \psi_c \end{bmatrix} \tag{7-3}
$$

或写成

$$
\boldsymbol{u} = \boldsymbol{Ri} + \frac{d\boldsymbol{\Psi}}{dt}
$$

2. 磁链方程

每个绕组的磁链是它本身的自感磁链和其他绕组对它的互感磁链之和，因此，6 个绕组的磁链可表达为

$$
\begin{bmatrix} \psi_A \\ \psi_B \\ \psi_C \\ \psi_a \\ \psi_b \\ \psi_c \end{bmatrix} = \begin{bmatrix} L_{AA} & L_{AB} & L_{AC} & L_{Aa} & L_{Ab} & L_{Ac} \\ L_{BA} & L_{BB} & L_{BC} & L_{Ba} & L_{Bb} & L_{Bc} \\ L_{CA} & L_{CB} & L_{CC} & L_{Ca} & L_{Cb} & L_{Cc} \\ L_{aA} & L_{aB} & L_{aC} & L_{aa} & L_{ab} & L_{ac} \\ L_{bA} & L_{bB} & L_{bC} & L_{ba} & L_{bb} & L_{bc} \\ L_{cA} & L_{cB} & L_{cC} & L_{ca} & L_{cb} & L_{cc} \end{bmatrix} \begin{bmatrix} i_A \\ i_B \\ i_C \\ i_a \\ i_b \\ i_c \end{bmatrix} \tag{7-4}
$$

或写成

$$
\boldsymbol{\Psi} = \boldsymbol{Li}
$$

式中，$\boldsymbol{L}$ 是 6×6 电感矩阵，其中对角线元素 L_{AA}、L_{BB}、L_{CC}、L_{aa}、L_{bb}、L_{cc} 是各绕组的自感，其余各项则是相应绕组间的互感。定子各相漏磁通所对应的电感称作定子漏感 L_{ls}，转子各相漏磁通则对应于转子漏感 L_{lr}，由于绕组的对称性，各相漏感值均相等。与定子一相绕组交链的最大互感磁通对应于定子互感 L_{ms}，与转子一相绕组交链的最大互感磁通对应于转子互感 L_{mr}，由于折算后定、转子绕组匝数相等，故 $L_{ms} = L_{mr}$。

对于每一相绕组来说，它所交链的磁通是互感磁通与漏感磁通之和，因此，定子各相自感为

$$
L_{AA} = L_{BB} = L_{CC} = L_{ms} + L_{ls} \tag{7-5}
$$

转子各相自感为

$$
L_{aa} = L_{bb} = L_{cc} = L_{ms} + L_{lr} \tag{7-6}
$$

两相绕组之间只有互感。互感又分为两类：①定子三相彼此之间和转子三相彼此之间位置都是固定的，故互感为常值；②定子任一相与转子任一相之间的位置是变化的，互感是角

位移 θ 的函数。

现在先讨论第一类，三相绕组轴线彼此在空间的相位差是 ±120°，在假定气隙磁通为正弦分布的条件下，互感值应为 $L_{ms}\cos120° = L_{ms}\cos(-120°) = -\dfrac{1}{2}L_{ms}$，于是

$$\begin{cases} L_{AB} = L_{BC} = L_{CA} = L_{BA} = L_{CB} = L_{AC} = -\dfrac{1}{2}L_{ms} \\[2mm] L_{ab} = L_{bc} = L_{ca} = L_{ba} = L_{cb} = L_{ac} = -\dfrac{1}{2}L_{ms} \end{cases} \tag{7-7}$$

至于第二类，即定、转子绕组间的互感，由于相互间位置的变化（见图 7-1），可分别表示为

$$\begin{cases} L_{Aa} = L_{aA} = L_{Bb} = L_{bB} = L_{Cc} = L_{cC} = L_{ms}\cos\theta \\ L_{Ab} = L_{bA} = L_{Bc} = L_{cB} = L_{Ca} = L_{aC} = L_{ms}\cos(\theta+120°) \\ L_{Ac} = L_{cA} = L_{Ba} = L_{aB} = L_{Cb} = L_{bC} = L_{ms}\cos(\theta-120°) \end{cases} \tag{7-8}$$

当定、转子两相绕组轴线重合时，两者之间的互感值最大，就是每相最大互感 L_{ms}。

将式（7-5）~式（7-8）代入式（7-4），即得完整的磁链方程，用分块矩阵表示的形式为

$$\begin{pmatrix} \boldsymbol{\psi}_s \\ \boldsymbol{\psi}_r \end{pmatrix} = \begin{pmatrix} \boldsymbol{L}_{ss} & \boldsymbol{L}_{sr} \\ \boldsymbol{L}_{rs} & \boldsymbol{L}_{rr} \end{pmatrix} \begin{pmatrix} \boldsymbol{i}_s \\ \boldsymbol{i}_r \end{pmatrix} \tag{7-9}$$

式中，$\boldsymbol{\psi}_s = (\psi_A \quad \psi_B \quad \psi_C)^T$；$\boldsymbol{\psi}_r = (\psi_a \quad \psi_b \quad \psi_c)^T$；$\boldsymbol{i}_s = (i_A \quad i_B \quad i_C)^T$；$\boldsymbol{i}_r = (i_a \quad i_b \quad i_c)^T$；$\boldsymbol{L}_{ss}$、$\boldsymbol{L}_{rr}$、$\boldsymbol{L}_{rs}$ 分别是

$$\boldsymbol{L}_{ss} = \begin{pmatrix} L_{ms}+L_{ls} & -\dfrac{1}{2}L_{ms} & -\dfrac{1}{2}L_{ms} \\[2mm] -\dfrac{1}{2}L_{ms} & L_{ms}+L_{ls} & -\dfrac{1}{2}L_{ms} \\[2mm] -\dfrac{1}{2}L_{ms} & -\dfrac{1}{2}L_{ms} & L_{ms}+L_{ls} \end{pmatrix} \tag{7-10}$$

$$\boldsymbol{L}_{rr} = \begin{pmatrix} L_{ms}+L_{lr} & \dfrac{1}{2}L_{ms} & -\dfrac{1}{2}L_{ms} \\[2mm] \dfrac{1}{2}L_{ms} & L_{ms}+L_{lr} & -\dfrac{1}{2}L_{ms} \\[2mm] -\dfrac{1}{2}L_{ms} & -\dfrac{1}{2}L_{ms} & L_{ms}+L_{lr} \end{pmatrix} \tag{7-11}$$

$$\boldsymbol{L}_{rs} = \boldsymbol{L}_{sr}^T = L_{ms}\begin{bmatrix} \cos\theta & \cos(\theta-120°) & \cos(\theta+120°) \\ \cos(\theta+120°) & \cos\theta & \cos(\theta-120°) \\ \cos(\theta-120°) & \cos(\theta+120°) & \cos\theta \end{bmatrix} \tag{7-12}$$

$\boldsymbol{L}_{rs}$ 和 $\boldsymbol{L}_{sr}$ 两个分块矩阵互为转置，且均与转子位置 θ 有关，它们的元素都是变参数，这是系统非线性的一个根源。

如果把磁链方程代入电压方程，得展开后的电压方程为

$$u = Ri + \frac{\mathrm{d}}{\mathrm{d}t}(Li) = Ri + L\frac{\mathrm{d}i}{\mathrm{d}t} + \frac{\mathrm{d}L}{\mathrm{d}t}i$$

$$= Ri + L\frac{\mathrm{d}i}{\mathrm{d}t} + \frac{\mathrm{d}L}{\mathrm{d}\theta}\omega i \tag{7-13}$$

式中，$L\dfrac{\mathrm{d}i}{\mathrm{d}t}$ 是由于电流变化引起的脉变电动势（或称变压器电动势）；$\dfrac{\mathrm{d}L}{\mathrm{d}\theta}\omega i$ 是由于定、转子相对位置变化产生的与角频率 ω 成正比的旋转电动势。

3. 转矩方程

根据机电能量转换原理，在线性电感的条件下，磁场的储能 W_{m} 和磁共能 W'_{m} 为

$$W_{\mathrm{m}} = W'_{\mathrm{m}} = \frac{1}{2}i^{\mathrm{T}}\psi = \frac{1}{2}i^{\mathrm{T}}Li \tag{7-14}$$

电磁转矩等于机械角位移变化时磁共能的变化率 $\dfrac{\partial W'_{\mathrm{m}}}{\partial \theta_{\mathrm{m}}}$（电流约束为常值），且机械角位移 $\theta_{\mathrm{m}} = \theta/n_{\mathrm{p}}$，于是

$$T_{\mathrm{e}} = \frac{\partial W'_{\mathrm{m}}}{\partial \theta_{\mathrm{m}}}\bigg|_{i=\mathrm{const.}} = n_{\mathrm{p}}\frac{\partial W'_{\mathrm{m}}}{\partial \theta}\bigg|_{i=\mathrm{const.}} \tag{7-15}$$

将式（7-14）代入式（7-15），并考虑到电感的分块矩阵关系式，得

$$T_{\mathrm{e}} = \frac{1}{2}n_{\mathrm{p}}i^{\mathrm{T}}\frac{\partial L}{\partial \theta}i = \frac{1}{2}n_{\mathrm{p}}i^{\mathrm{T}}\begin{pmatrix} 0 & \dfrac{\partial L_{\mathrm{sr}}}{\partial \theta} \\[2mm] \dfrac{\partial L_{\mathrm{rs}}}{\partial \theta} & 0 \end{pmatrix}i \tag{7-16}$$

又考虑到 $i^{\mathrm{T}} = (i_{\mathrm{s}}^{\mathrm{T}}\quad i_{\mathrm{r}}^{\mathrm{T}}) = (i_{\mathrm{A}}\quad i_{\mathrm{B}}\quad i_{\mathrm{C}}\quad i_{\mathrm{a}}\quad i_{\mathrm{b}}\quad i_{\mathrm{c}})$，代入式（7-16）得

$$T_{\mathrm{e}} = \frac{1}{2}n_{\mathrm{p}}\left[i_{\mathrm{r}}^{\mathrm{T}}\frac{\partial L_{\mathrm{rs}}}{\partial \theta}i_{\mathrm{s}} + i_{\mathrm{s}}^{\mathrm{T}}\frac{\partial L_{\mathrm{sr}}}{\partial \theta}i_{\mathrm{r}}\right] \tag{7-17}$$

将式（7-12）代入式（7-17）并展开后，得

$$T_{\mathrm{e}} = -n_{\mathrm{p}}L_{\mathrm{ms}}\left[(i_{\mathrm{A}}i_{\mathrm{a}} + i_{\mathrm{B}}i_{\mathrm{b}} + i_{\mathrm{C}}i_{\mathrm{c}})\sin\theta + (i_{\mathrm{A}}i_{\mathrm{b}} + i_{\mathrm{B}}i_{\mathrm{c}} + i_{\mathrm{C}}i_{\mathrm{a}})\sin(\theta + 120°) + \right.$$
$$\left. (i_{\mathrm{A}}i_{\mathrm{c}} + i_{\mathrm{B}}i_{\mathrm{a}} + i_{\mathrm{C}}i_{\mathrm{b}})\sin(\theta - 120°)\right] \tag{7-18}$$

4. 运动方程

运动控制系统的运动方程为

$$\frac{J}{n_{\mathrm{p}}}\frac{\mathrm{d}\omega}{\mathrm{d}t} = T_{\mathrm{e}} - T_{\mathrm{L}} \tag{7-19}$$

式中，J 是机组的转动惯量；T_{L} 是包括摩擦阻转矩和弹性扭矩的负载转矩。

5. 异步电动机转角方程

异步电动机的转角方程为

$$\frac{\mathrm{d}\theta}{\mathrm{d}t} = \omega \tag{7-20}$$

总之，异步电动机的多变量非线性动态结构图如图 7-2 所示，可看出异步电动机三相原始动态模型相当复杂，分析和求解这组非线性方程十分困难。异步电动机数学模型之所以复杂，关键是因为有一个复杂的 6×6 电感矩阵，它体现了影响磁链和受磁链影响的复杂关系。

因此，要简化数学模型，须从简化磁链关系入手，简化的基本方法就是坐标变换。

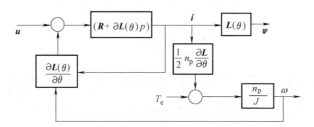

图 7-2　异步电动机的多变量非线性动态结构图

7.2　坐标变换控制的基本思想

在分析异步电动机的坐标变换控制之前，再来看看直流电动机的磁链关系。直流电动机的磁链关系比较简单，图 7-3 绘出了直流电动机的物理模型，图中 F 为励磁绕组，A 为电枢绕组，C 为补偿绕组。F 和 C 都在定子上，只有 A 是在转子上。把 F 的轴线称作直轴或 d 轴，主磁通 Φ 的方向就是沿着 d 轴的，A 和 C 的轴线则称为交轴或 q 轴。虽然电枢本身是旋转的，但其绕组通过换向器电刷接到端接板上，电刷将闭合的电枢绕组分成两条支路。当一条支路中的导线经过正电刷归入另一条支路中时，在负电刷下又有一根导线补回来。这样，电刷两侧每条支路中导线的电流方向总是相同的，因此，当电刷位于磁极的中性线上时，电枢磁动势的轴线始终被电刷限定在 q 轴上，其效果好像一个在 q 轴上静止的绕组一样。但它实际上是旋转的，会切割 d 轴的磁通而产生旋转电动势，这又和真正静止的绕组不同，通常把这种等效的静止绕组称作"伪静止绕组"。电枢磁动势的作用可以用补偿绕

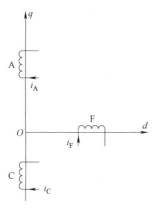

图 7-3　两极直流电动机的物理模型

组磁动势抵消，或者由于其作用方向与 d 轴垂直而对主磁通影响甚微，所以直流电动机的主磁通基本上唯一地由励磁绕组的励磁电流决定，这是直流电动机的数学模型及其控制系统比较简单的根本原因。

如果能将交流电动机的物理模型（见图 7-1）等效地变换成类似直流电动机的模式，分析和控制就可以大大简化。坐标变换正是按照这条思路进行的，当然，不同电动机模型彼此等效的原则是在不同坐标下所产生的磁动势完全一致。

众所周知，在交流电动机三相对称的静止绕组 A、B、C 中，通以三相平衡的正弦电流 i_A、i_B、i_C 时，所产生的合成磁动势是旋转磁动势 F，它在空间呈正弦分布，以同步转速 ω_1（电流的角频率）顺着 A—B—C 的相序旋转。这样的物理模型如图 7-4a 所示，它就是图 7-1 中的定子部分。

我们知道旋转磁动势并不一定非要三相不可，二相、三相、四相等任意对称的多相绕组，通入平衡的多相电流，都能产生旋转磁动势，当然以两相最为简单。图 7-4b 绘出了两相静止绕组 α 和 β，它们在空间互差 90°，通入时间上互差 90°的两相平衡交流电流，也能产

生旋转磁动势 F。当图 7-4a、b 的两个旋转磁动势大小和转速都相等时，即认为图 7-4b 的两相绕组与图 7-4a 的三相绕组等效。

再看图 7-4c 中的两个匝数相等且互相垂直的绕组 d 和 q，其中分别通以直流电流 i_d 和 i_q，产生合成磁动势 F，其位置相对于绕组来说是固定的。如果人为地让包含两个绕组在内的整个铁心以同步转速旋转，则磁动势 F 自然也随之旋转起来，成为旋转磁动势。把这个旋转磁动势的大小和转速也控制成与图 7-4a 和图 7-4b 中的旋转磁动势一样，那么这套旋转的直流绕组也就和前面两套固定的交流绕组都等效了。当观察者也站到铁心上和绕组一起旋转时，在他看来，d 和 q 是两个通入直流而相互垂直的静止绕组。如果控制磁通 Φ 的位置在 d 轴上，就和图 7-3 所示的直流电动机物理模型没有本质上的区别了。这时，绕组 d 相当于励磁绕组，q 相当于伪静止的电枢绕组。

由此可见，以产生同样的旋转磁动势为准则，图 7-4a 的三相交流绕组、图 7-4b 的两相交流绕组和图 7-4c 整体旋转的直流绕组彼此等效。或者说，在三相坐标系下的 i_A、i_B、i_C 和在两相坐标系下的 i_α、i_β 以及在旋转两相坐标系下的直流 i_d、i_q 都是等效的，它们能产生相同的旋转磁动势。有意思的是，就图 7-4c 的 d、q 两个绕组而言，当观察者站在地面看上去时，它们是与三相交流绕组等效的旋转直流绕组；如果跳到旋转着的铁心上看，它们就的的确确是一个直流电动机的物理模型了。这样，通过坐标系的变换，可以找到与交流三相绕组等效的直流电动机模型。现在的问题是，如何求出 i_A、i_B、i_C 与 i_α、i_β 和 i_d、i_q 之间准确的等效关系，这就是坐标变换的任务。

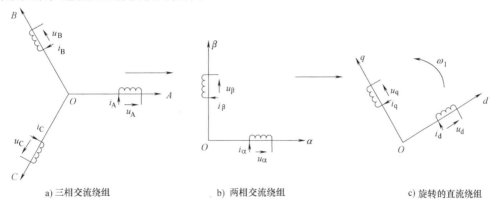

a) 三相交流绕组　　　　　　　b) 两相交流绕组　　　　　　　c) 旋转的直流绕组

图 7-4　等效的交流电动机绕组和直流电动机绕组物理模型

7.3　坐标变换

1. 三相-两相变换（Clarke 变换）

在三相对称绕组中，通以三相平衡电流 i_A、i_B 和 i_C，所产生的合成磁动势是旋转磁动势，它在空间呈正弦分布，以同步转速 ω_1（电流的角频率）旋转。但旋转磁动势并不一定非要三相不可，除单相以外，任意对称的多相绕组，通入平衡的多相电流，都能产生旋转磁动势，当然以两相最为简单。此外，三相变量中只要两相为独立变量，完全可以消去一相。所以，三相绕组可以用相互独立的对称两相绕组等效代替，等效的原则是产生的磁动势相等。所谓对称是指两相绕组在空间互差 90°，如图 7-5 中绘出的两相绕组 α、β，通以两相平

衡交流电流 i_α 和 i_β，也能产生旋转磁动势。

在三相绕组 A、B、C 和两相绕组 α、β 之间的变换，称为三相坐标系和两相坐标系间的变换，简称 3/2 变换或称 Clarke 变换。

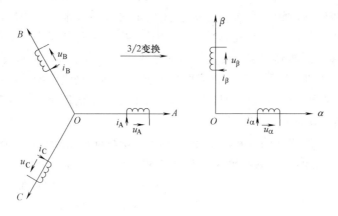

图 7-5 三相坐标系和两相坐标系间的变换

图 7-6 绘出了 $OABC$ 和 $O\alpha\beta$ 两个坐标系中的磁动势矢量，将两个坐标系原点并在一起，使 A 轴和 α 轴重合。设三相绕组每相有效匝数为 N_3，两相绕组每相有效匝数为 N_2，各相磁动势为有效匝数与电流的乘积，其空间矢量均位于相关的坐标轴上。

按照磁动势相等的等效原则，三相合成磁动势与两相合成磁动势相等，故两套绕组磁动势在 α、β 轴上的投影都应相等，因此有

$$N_2 i_\alpha = N_3 i_A - N_3 i_B \cos 60° - N_3 i_C \cos 60° = N_3 \left(i_A - \frac{1}{2} i_B - \frac{1}{2} i_C \right)$$

$$N_2 i_\beta = N_3 i_B \sin 60° - N_3 i_C \sin 60° = \frac{\sqrt{3}}{2} N_3 (i_B - i_C)$$

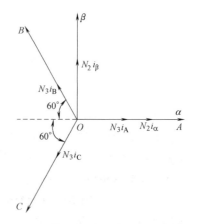

图 7-6 三相坐标系和两相坐标系中的磁动势矢量

写成矩阵形式为

$$\begin{pmatrix} i_\alpha \\ i_\beta \end{pmatrix} = \frac{N_3}{N_2} \begin{pmatrix} 1 & -\dfrac{1}{2} & -\dfrac{1}{2} \\ 0 & \dfrac{\sqrt{3}}{2} & -\dfrac{\sqrt{3}}{2} \end{pmatrix} \begin{pmatrix} i_A \\ i_B \\ i_C \end{pmatrix} \qquad (7\text{-}21)$$

考虑变换前后总功率不变，匝数比应为

$$\frac{N_3}{N_2} = \sqrt{\frac{2}{3}} \qquad (7\text{-}22)$$

代入式（7-21），得

$$\begin{pmatrix} i_\alpha \\ i_\beta \end{pmatrix} = \sqrt{\frac{2}{3}} \begin{pmatrix} 1 & -\dfrac{1}{2} & -\dfrac{1}{2} \\ 0 & \dfrac{\sqrt{3}}{2} & -\dfrac{\sqrt{3}}{2} \end{pmatrix} \begin{pmatrix} i_A \\ i_B \\ i_C \end{pmatrix} \qquad (7\text{-}23)$$

令 $C_{3/2}$ 表示从三相坐标系变换到两相坐标系的变换矩阵，则

$$C_{3/2} = \sqrt{\frac{2}{3}} \begin{pmatrix} 1 & -\dfrac{1}{2} & -\dfrac{1}{2} \\ 0 & \dfrac{\sqrt{3}}{2} & -\dfrac{\sqrt{3}}{2} \end{pmatrix} \tag{7-24}$$

如果要从两相坐标系变换到三相坐标系（简称 2/3 变换），可利用增广矩阵的方法把 $C_{3/2}$ 扩成方阵，求其逆矩阵后，再除去增加的一列，即得

$$C_{2/3} = \sqrt{\frac{2}{3}} \begin{pmatrix} 1 & 0 \\ -\dfrac{1}{2} & \dfrac{\sqrt{3}}{2} \\ -\dfrac{1}{2} & -\dfrac{\sqrt{3}}{2} \end{pmatrix} \tag{7-25}$$

考虑到 $i_A + i_B + i_C = 0$，代入式（7-21）并整理后得

$$\begin{pmatrix} i_\alpha \\ i_\beta \end{pmatrix} = \begin{pmatrix} \sqrt{\dfrac{3}{2}} & 0 \\ \dfrac{1}{\sqrt{2}} & \sqrt{2} \end{pmatrix} \begin{pmatrix} i_A \\ i_B \end{pmatrix} \tag{7-26}$$

相应的逆变换为

$$\begin{pmatrix} i_A \\ i_B \end{pmatrix} = \begin{pmatrix} \sqrt{\dfrac{2}{3}} & 0 \\ -\dfrac{1}{\sqrt{6}} & \dfrac{1}{\sqrt{2}} \end{pmatrix} \begin{pmatrix} i_\alpha \\ i_\beta \end{pmatrix} \tag{7-27}$$

可以证明，电流变换阵也就是电压变换阵和磁链变换阵。

2. 两相-两相旋转变换（Park 变换）

两相静止绕组 α、β 通以两相平衡交流电流，产生旋转磁动势。如果令两相绕组转起来，且旋转角速度等于合成磁动势的旋转角速度，则两相绕组通以直流电流就产生空间旋转磁动势。图 7-7 中绘出了两相旋转绕组 d 和 q，从两相静止坐标系 $O\alpha\beta$ 到两相旋转坐标系 Odq 的变换，称作两相静止-两相旋转变换，简称 2s/2r 变换或称 Park 变换，其中 s 表示静

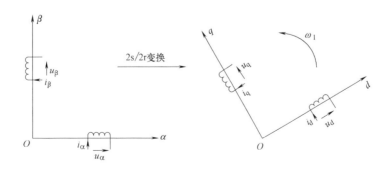

图 7-7　静止两相坐标系到旋转两相坐标系的变换

止，r 表示旋转，变换的原则同样是产生的磁动
势相等。

图 7-8 绘出了 $O\alpha\beta$ 和 Odq 坐标系中的磁动势
矢量，绕组每相有效匝数均为 N_2，磁动势矢量位
于相关的坐标轴上。两相交流电流 i_α、i_β 和两个
直流电流 i_d、i_q 产生同样的以角速度 ω_1 旋转的合
成磁动势 $\boldsymbol{F}_s$。

由图 7-8 可见，i_α、i_β 和 i_d、i_q 之间存在下
列关系：

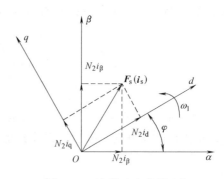

图 7-8 两相静止和旋转坐标
系中的磁动势矢量

$$i_d = i_\alpha \cos\varphi + i_\beta \sin\varphi$$

$$i_q = -i_\alpha \sin\varphi + i_\beta \cos\varphi$$

写成矩阵形式为

$$\begin{pmatrix} i_d \\ i_q \end{pmatrix} = \begin{pmatrix} \cos\varphi & \sin\varphi \\ -\sin\varphi & \cos\varphi \end{pmatrix} \begin{pmatrix} i_\alpha \\ i_\beta \end{pmatrix} = \boldsymbol{C}_{2s/2r} \begin{pmatrix} i_\alpha \\ i_\beta \end{pmatrix} \tag{7-28}$$

两相静止坐标系到两相旋转坐标系的变换阵为

$$\boldsymbol{C}_{2s/2r} = \begin{pmatrix} \cos\varphi & \sin\varphi \\ -\sin\varphi & \cos\varphi \end{pmatrix} \tag{7-29}$$

对式（7-28）两边都左乘以变换阵 $\boldsymbol{C}_{2s/2r}$ 的逆矩阵，即得

$$\begin{pmatrix} i_\alpha \\ i_\beta \end{pmatrix} = \begin{pmatrix} \cos\varphi & \sin\varphi \\ -\sin\varphi & \cos\varphi \end{pmatrix}^{-1} \begin{pmatrix} i_d \\ i_q \end{pmatrix} = \begin{pmatrix} \cos\varphi & -\sin\varphi \\ \sin\varphi & \cos\varphi \end{pmatrix} \begin{pmatrix} i_d \\ i_q \end{pmatrix} \tag{7-30}$$

则两相旋转坐标系到两相静止坐标系的变换阵为

$$\boldsymbol{C}_{2r/2s} = \begin{pmatrix} \cos\varphi & -\sin\varphi \\ \sin\varphi & \cos\varphi \end{pmatrix} \tag{7-31}$$

电压和磁链的旋转变换阵与电流旋转变换阵相同。

7.4 异步电动机在两相坐标系上的动态数学模型

异步电动机三相原始模型相当复杂，通过坐标变换能够简化数学模型，便于进行分析和
计算。按照从特殊到一般，首先推导静止两相坐标系中的数学模型及坐标变换的作用，然后
推广到任意旋转坐标系。由于运动方程不随坐标变换而变化，故仅讨论电压方程、磁链方程
和转矩方程。以下论述中，下标 s 表示定子，下标 r 表示转子。

1. 静止两相坐标系中的数学模型

异步电动机定子绕组是静止的，只要进行 3/2 变换就行了，而转子绕组是旋转的，必须通
过 3/2 变换和两相旋转坐标系到两相静止坐标系的旋转变换，才能变换到静止两相坐标系。

（1）3/2 变换

对静止的定子三相绕组和旋转的转子三相绕组进行相同的 3/2 变换，如图 7-9 所示。变
换后的定子 $O\alpha\beta$ 坐标系静止，而转子 $O\alpha'\beta'$ 坐标系则以 ω 的角速度逆时针旋转，相应的数学
模型如下。

电压方程为

$$
\begin{pmatrix} u_{s\alpha} \\ u_{s\beta} \\ u_{r\alpha'} \\ u_{r\beta'} \end{pmatrix} = \begin{pmatrix} R_s & 0 & 0 & 0 \\ 0 & R_s & 0 & 0 \\ 0 & 0 & R_r & 0 \\ 0 & 0 & 0 & R_r \end{pmatrix} \begin{pmatrix} i_{s\alpha} \\ i_{s\beta} \\ i_{r\alpha'} \\ i_{r\beta'} \end{pmatrix} + \frac{\mathrm{d}}{\mathrm{d}t} \begin{pmatrix} \Psi_{s\alpha} \\ \Psi_{s\beta} \\ \Psi_{r\alpha'} \\ \Psi_{r\beta'} \end{pmatrix}
\tag{7-32}
$$

磁链方程为

$$
\begin{bmatrix} \psi_{s\alpha} \\ \psi_{s\beta} \\ \psi_{r\alpha'} \\ \psi_{r\beta'} \end{bmatrix} = \begin{bmatrix} L_s & 0 & L_m\cos\theta & -L_m\sin\theta \\ 0 & L_s & L_m\sin\theta & L_m\cos\theta \\ L_m\cos\theta & L_m\sin\theta & L_r & 0 \\ -L_m\sin\theta & L_m\cos\theta & 0 & L_r \end{bmatrix} \begin{bmatrix} i_{s\alpha} \\ i_{s\beta} \\ i_{r\alpha'} \\ i_{r\beta'} \end{bmatrix}
\tag{7-33}
$$

转矩方程为

$$
T_e = -n_p L_m \left[\left(i_{s\alpha} i_{r\alpha'} + i_{s\beta} i_{r\beta'} \right)\sin\theta + \left(i_{s\alpha} i_{r\beta'} - i_{s\beta} i_{r\alpha'} \right)\cos\theta \right]
\tag{7-34}
$$

式中，$L_m = \dfrac{3}{2}L_{ms}$ 是定子与转子同轴等效绕组间的互感；$L_s = \dfrac{3}{2}L_{ms} + L_{ls} = L_m + L_{ls}$ 是定子等效两相绕组的自感；$L_r = \dfrac{3}{2}L_{ms} + L_{lr} = L_m + L_{lr}$ 是转子等效两相绕组的自感。

3/2 变换将按 120° 分布的三相绕组等效为互相垂直的两相绕组，从而消除了定子三相绕组、转子三相绕组间的相互耦合。但定子绕组与转子绕组间仍存在相对运动，因而定、转子绕组互感阵仍是非线性的变参数阵，输出转矩仍是定、转子电流及其定、转子夹角 θ 的函数。与三相原始模型相比，3/2 变换减少了状态变量维数，简化了定子和转子的自感矩阵。

（2）转子旋转坐标变换及静止 $O\alpha\beta$ 坐标系中的数学模型

对图 7-9 所示的转子坐标系 $O\alpha'\beta'$ 做旋转变换（两相旋转坐标系到两相静止坐标系的变换），即将 $O\alpha'\beta'$ 坐标系顺时针旋转 θ_{sr} 角，使其与定子 $O\alpha\beta$ 坐标系重合，且保持静止。将旋转的转子坐标系 $O\alpha'\beta'$ 变换为静

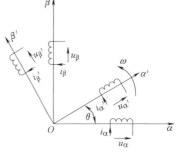

图 7-9　定子 $O\alpha\beta$ 及转子 $O\alpha'\beta'$ 坐标系

止坐标系 $O\alpha\beta$，意味着用静止的两相绕组等效代替原先转动的转子两相绕组。

旋转变换阵为

$$
\boldsymbol{C}_{2r/2s}(\theta) = \begin{pmatrix} \cos\theta & -\sin\theta \\ \sin\theta & \cos\theta \end{pmatrix}
\tag{7-35}
$$

变换后的电压方程为

$$
\begin{pmatrix} u_{s\alpha} \\ u_{s\beta} \\ u_{r\alpha} \\ u_{r\beta} \end{pmatrix} = \begin{pmatrix} R_s & 0 & 0 & 0 \\ 0 & R_s & 0 & 0 \\ 0 & 0 & R_r & 0 \\ 0 & 0 & 0 & R_r \end{pmatrix} \begin{pmatrix} i_{s\alpha} \\ i_{s\beta} \\ i_{r\alpha} \\ i_{r\beta} \end{pmatrix} + \frac{\mathrm{d}}{\mathrm{d}t} \begin{pmatrix} \psi_{s\alpha} \\ \psi_{s\beta} \\ \psi_{r\alpha} \\ \psi_{r\beta} \end{pmatrix} + \begin{pmatrix} 0 \\ 0 \\ \omega_r\psi_{r\beta} \\ -\omega_r\psi_{r\alpha} \end{pmatrix}
\tag{7-36}
$$

磁链方程为

$$\begin{pmatrix} \psi_{s\alpha} \\ \psi_{s\beta} \\ \psi_{r\alpha} \\ \psi_{r\beta} \end{pmatrix} = \begin{pmatrix} L_s & 0 & L_m & 0 \\ 0 & L_s & 0 & L_m \\ L_m & 0 & L_r & 0 \\ 0 & L_m & 0 & L_r \end{pmatrix} \begin{pmatrix} i_{s\alpha} \\ i_{s\beta} \\ i_{r\alpha} \\ i_{r\beta} \end{pmatrix} \tag{7-37}$$

转矩方程为

$$T_e = n_p L_m (i_{s\beta} i_{r\alpha} - i_{s\alpha} i_{r\beta}) \tag{7-38}$$

旋转变换改变了定、转子绕组间的耦合关系，将相对运动的定、转子绕组用相对静止的等效绕组来代替，从而消除了定、转子绕组间夹角 θ 对磁链和转矩的影响。旋转变换的优点在于将非线性变参数的磁链方程转化为线性定常的方程，但却加剧了电压方程中的非线性耦合程度，将矛盾从磁链方程转移到电压方程中来了，并没有改变对象的非线性耦合性质。

2. 任意旋转坐标系中的数学模型

以上讨论了将相对于定子旋转的转子坐标系 $O\alpha'\beta'$ 做旋转变换，得到统一坐标系 $O\alpha\beta$，这只是旋转变换的一个特例。更广义的坐标旋转变换是对定子坐标系 $O\alpha\beta$ 和转子坐标系 $O\alpha'\beta'$ 同时施行旋转变换，把它们变换到同一个旋转坐标系 Odq 上，Odq 相对于定子的旋转角速度为 ω_1，如图 7-10 所示。

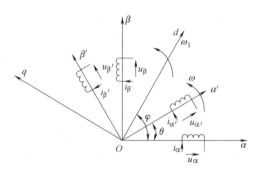

图 7-10 定子坐标系 $O\alpha\beta$ 和转子坐标系 $O\alpha'\beta'$ 变换到旋转坐标系 Odq

定子旋转变换阵为

$$C_{2s/2r}(\varphi) = \begin{pmatrix} \cos\varphi & \sin\varphi \\ -\sin\varphi & \cos\varphi \end{pmatrix} \tag{7-39}$$

转子旋转变换阵为

$$C_{2r/2r}(\varphi-\theta) = \begin{pmatrix} \cos(\varphi-\theta) & \sin(\varphi-\theta) \\ -\sin(\varphi-\theta) & \cos(\varphi-\theta) \end{pmatrix} \tag{7-40}$$

式中，$C_{2r/2r}$ 是两相旋转坐标系 $O\alpha'\beta'$ 到两相旋转坐标系 Odq 的变换。

任意旋转变换是用旋转的绕组代替原来静止的定子绕组，并使等效的转子绕组与等效的定子绕组重合，且保持严格同步，等效后定、转子绕组间不存在相对运动。变换后，可得到异步电动机的模型如下。

电压方程为

$$\begin{pmatrix} u_{sd} \\ u_{sq} \\ u_{rd} \\ u_{rq} \end{pmatrix} = \begin{pmatrix} R_s & 0 & 0 & 0 \\ 0 & R_s & 0 & 0 \\ 0 & 0 & R_r & 0 \\ 0 & 0 & 0 & R_r \end{pmatrix} \begin{pmatrix} i_{sd} \\ i_{sq} \\ i_{rd} \\ i_{rq} \end{pmatrix} + \frac{d}{dt} \begin{pmatrix} \psi_{sd} \\ \psi_{sq} \\ \psi_{rd} \\ \psi_{rq} \end{pmatrix} + \begin{pmatrix} -\omega_1 \psi_{sq} \\ \omega_1 \psi_{sd} \\ -(\omega_1-\omega)\psi_{rq} \\ (\omega_1-\omega)\psi_{rd} \end{pmatrix} \tag{7-41}$$

磁链方程为

$$\begin{pmatrix} \psi_{sd} \\ \psi_{sq} \\ \psi_{rd} \\ \psi_{rq} \end{pmatrix} = \begin{pmatrix} L_s & 0 & L_m & 0 \\ 0 & L_s & 0 & L_m \\ L_m & 0 & L_r & 0 \\ 0 & L_m & 0 & L_r \end{pmatrix} \begin{pmatrix} i_{sd} \\ i_{sq} \\ i_{rd} \\ i_{rq} \end{pmatrix} \tag{7-42}$$

转矩方程为

$$T_e = n_p L_m (i_{sq} i_{rd} - i_{sd} i_{rq})\tag{7-43}$$

任意旋转变换保持定、转子等效绕组的相对静止，与式（7-36）、式（7-37）和式（7-38）相比较，磁链方程与转矩方程形式相同，仅下标发生变化，而电压方程中旋转电动势的非线性耦合作用更为严重，这是因为不仅对转子绕组进行了旋转变换，对定子绕组也施行了相应的旋转变换。从表面上看来，任意旋转坐标系（Odq）中的数学模型还不如静止两相坐标系（$O\alpha\beta$）中的简单，完全任意的旋转坐标系无实际使用意义，常用的是同步旋转坐标系即磁链定向的旋转坐标系，便可将绕组中的交流量变为直流量，以便模拟直流电动机进行控制。

7.5 异步电动机在两相坐标系上的状态方程

下面讨论用状态方程描述的动态数学模型，从而得到异步电动机状态变量的关系。

1. 状态变量的选取

两相坐标系上的异步电动机具有 4 阶电压方程和 1 阶运动方程，因此须选取 5 个状态变量。可选的变量共有 9 个，这 9 个变量分为 5 组：①转速 ω；②定子电流 i_{sd} 和 i_{sq}；③转子电流 i_{rd} 和 i_{rq}；④定子磁链 ψ_{sd} 和 ψ_{sq}；⑤转子磁链 ψ_{rd} 和 ψ_{rq}。转速作为输出必须选取，其余的 4 组变量可以任意选取两组，定子电流可以直接检测，应当选为状态变量，剩下的 3 组均不可直接检测或检测十分困难，考虑到磁链对电动机的运行很重要，可以在定子磁链和转子磁链中任选 1 组。

2. $\omega - i_s - \psi_r$ 为状态变量的状态方程

式（7-42）表示 Odq 坐标系上的磁链方程：

$$\begin{cases} \psi_{sd} = L_s i_{sd} + L_m i_{rd} \\ \psi_{sq} = L_s i_{sq} + L_m i_{rq} \\ \psi_{rd} = L_m i_{sd} + L_r i_{rd} \\ \psi_{rq} = L_m i_{sq} + L_r i_{rq} \end{cases}\tag{7-44}$$

式（7-41）为任意旋转坐标系上的电压方程：

$$\begin{cases} \dfrac{d\psi_{sd}}{dt} = -R_s i_{sd} + \omega_1 \psi_{sq} + u_{sd} \\[2mm] \dfrac{d\psi_{sq}}{dt} = -R_s i_{sq} - \omega_1 \psi_{sd} + u_{sq} \\[2mm] \dfrac{d\psi_{rd}}{dt} = -R_r i_{rd} + (\omega_1 - \omega) \psi_{rq} + u_{rd} \\[2mm] \dfrac{d\psi_{rq}}{dt} = -R_r i_{rq} - (\omega_1 - \omega) \psi_{rd} + u_{rq} \end{cases}\tag{7-45}$$

考虑到笼型转子内部是短路的，则 $u_{rd} = u_{rq} = 0$，于是，电压方程可写成

$$\begin{cases} \dfrac{\mathrm{d}\psi_{sd}}{\mathrm{d}t} = -R_s i_{sd} + \omega_1 \psi_{sq} + u_{sd} \\[2mm] \dfrac{\mathrm{d}\psi_{sq}}{\mathrm{d}t} = -R_s i_{sq} - \omega_1 \psi_{sd} + u_{sq} \\[2mm] \dfrac{\mathrm{d}\psi_{rd}}{\mathrm{d}t} = -R_r i_{rd} + (\omega_1 - \omega)\psi_{rq} \\[2mm] \dfrac{\mathrm{d}\psi_{rq}}{\mathrm{d}t} = -R_r i_{rq} - (\omega_1 - \omega)\psi_{rd} \end{cases} \tag{7-46}$$

由式（7-44）中第 3、4 两行可解出

$$\begin{cases} i_{rd} = \dfrac{1}{L_r}(\psi_{rd} - L_m i_{sd}) \\[2mm] i_{rq} = \dfrac{1}{L_r}(\psi_{rq} - L_m i_{sq}) \end{cases} \tag{7-47}$$

代入式（7-43）得

$$T_e = \frac{n_p L_m}{L_r}(i_{sq}\psi_{rd} - L_m i_{sd} i_{sq} - i_{sd}\psi_{rq} + L_m i_{sd} i_{sq})$$

$$= \frac{n_p L_m}{L_r}(i_{sq}\psi_{rd} - i_{sd}\psi_{rq}) \tag{7-48}$$

将式（7-47）代入式（7-44）前两行，得

$$\begin{cases} \psi_{sd} = \sigma L_s i_{sd} + \dfrac{L_m}{L_r}\psi_{rd} \\[2mm] \psi_{sq} = \sigma L_s i_{sq} + \dfrac{L_m}{L_r}\psi_{rq} \end{cases} \tag{7-49}$$

将式（7-47）和式（7-49）代入式（7-46），消去 i_{rd}、i_{rq}、ψ_{sd}、ψ_{sq}，再将式（7-48）代入式（7-19），经整理后得状态方程为

$$\begin{cases} \dfrac{\mathrm{d}\omega}{\mathrm{d}t} = \dfrac{n_p^2 L_m}{J L_r}(i_{sq}\psi_{rd} - i_{sd}\psi_{rq}) - \dfrac{n_p}{J} T_L \\[3mm] \dfrac{\mathrm{d}\psi_{rd}}{\mathrm{d}t} = -\dfrac{1}{T_r}\psi_{rd} + (\omega_1 - \omega)\psi_{rq} + \dfrac{L_m}{T_r} i_{sd} \\[3mm] \dfrac{\mathrm{d}\psi_{rq}}{\mathrm{d}t} = -\dfrac{1}{T_r}\psi_{rq} - (\omega_1 - \omega)\psi_{rd} + \dfrac{L_m}{T_r} i_{sq} \\[3mm] \dfrac{\mathrm{d}i_{sd}}{\mathrm{d}t} = \dfrac{L_m}{\sigma L_s L_r T_r}\psi_{rd} + \dfrac{L_m}{\sigma L_s L_r}\omega\psi_{rq} - \dfrac{R_s L_r^2 + R_r L_m^2}{\sigma L_s L_r^2} i_{sd} + \omega_1 i_{sq} + \dfrac{u_{sd}}{\sigma L_s} \\[3mm] \dfrac{\mathrm{d}i_{sq}}{\mathrm{d}t} = \dfrac{L_m}{\sigma L_s L_r T_r}\psi_{rq} - \dfrac{L_m}{\sigma L_s L_r}\omega\psi_{rd} - \dfrac{R_s L_r^2 + R_r L_m^2}{\sigma L_s L_r^2} i_{sq} - \omega_1 i_{sd} + \dfrac{u_{sq}}{\sigma L_s} \end{cases} \tag{7-50}$$

式中，$\sigma = 1 - \dfrac{L_m^2}{L_s L_r}$ 是电动机漏磁系数；$T_r = \dfrac{L_r}{R_r}$ 是转子电磁时间常数。

状态变量为

$$\boldsymbol{X} = (\; \omega \quad \psi_{\mathrm{rd}} \quad \psi_{\mathrm{rq}} \quad i_{\mathrm{sd}} \quad i_{\mathrm{sq}} \;)^{\mathrm{T}} \tag{7-51}$$

输入变量为

$$\boldsymbol{U} = (\; u_{\mathrm{sd}} \quad u_{\mathrm{sq}} \quad \omega_1 \quad T_{\mathrm{L}} \;)^{\mathrm{T}} \tag{7-52}$$

若令式（7-50）中的 $\omega_1 = 0$，任意旋转坐标系退化为静止两相坐标系，并将 Odq 换为 $O\alpha\beta$，即得静止两相坐标系 $O\alpha\beta$ 中的状态方程为

$$\begin{cases} \dfrac{\mathrm{d}\omega}{\mathrm{d}t} = \dfrac{n_{\mathrm{p}}^2 L_{\mathrm{m}}}{J L_{\mathrm{r}}} (\, i_{\mathrm{s\beta}}\psi_{\mathrm{r\alpha}} - i_{\mathrm{s\alpha}}\psi_{\mathrm{r\beta}} \,) - \dfrac{n_{\mathrm{p}}}{J} T_{\mathrm{L}} \\[3mm] \dfrac{\mathrm{d}\psi_{\mathrm{r\alpha}}}{\mathrm{d}t} = -\dfrac{1}{T_{\mathrm{r}}}\psi_{\mathrm{r\alpha}} - \omega\psi_{\mathrm{r\beta}} + \dfrac{L_{\mathrm{m}}}{T_{\mathrm{r}}}i_{\mathrm{s\alpha}} \\[3mm] \dfrac{\mathrm{d}\psi_{\mathrm{r\beta}}}{\mathrm{d}t} = -\dfrac{1}{T_{\mathrm{r}}}\psi_{\mathrm{r\beta}} + \omega\psi_{\mathrm{r\alpha}} + \dfrac{L_{\mathrm{m}}}{T_{\mathrm{r}}}i_{\mathrm{s\beta}} \\[3mm] \dfrac{\mathrm{d}i_{\mathrm{s\alpha}}}{\mathrm{d}t} = \dfrac{L_{\mathrm{m}}}{\sigma L_{\mathrm{s}} L_{\mathrm{r}} T_{\mathrm{r}}}\psi_{\mathrm{r\alpha}} + \dfrac{L_{\mathrm{m}}}{\sigma L_{\mathrm{s}} L_{\mathrm{r}}}\omega\psi_{\mathrm{r\beta}} - \dfrac{R_{\mathrm{s}} L_{\mathrm{r}}^2 + R_{\mathrm{r}} L_{\mathrm{m}}^2}{\sigma L_{\mathrm{s}} L_{\mathrm{r}}^2}i_{\mathrm{s\alpha}} + \dfrac{u_{\mathrm{s\alpha}}}{\sigma L_{\mathrm{s}}} \\[3mm] \dfrac{\mathrm{d}i_{\mathrm{s\beta}}}{\mathrm{d}t} = \dfrac{L_{\mathrm{m}}}{\sigma L_{\mathrm{s}} L_{\mathrm{r}} T_{\mathrm{r}}}\psi_{\mathrm{r\beta}} - \dfrac{L_{\mathrm{m}}}{\sigma L_{\mathrm{s}} L_{\mathrm{r}}}\omega\psi_{\mathrm{r\alpha}} - \dfrac{R_{\mathrm{s}} L_{\mathrm{r}}^2 + R_{\mathrm{r}} L_{\mathrm{m}}^2}{\sigma L_{\mathrm{s}} L_{\mathrm{r}}^2}i_{\mathrm{s\beta}} + \dfrac{u_{\mathrm{s\beta}}}{\sigma L_{\mathrm{s}}} \end{cases} \tag{7-53}$$

状态变量为

$$\boldsymbol{X} = (\; \omega \quad \psi_{\mathrm{r\alpha}} \quad \psi_{\mathrm{r\beta}} \quad i_{\mathrm{s\alpha}} \quad i_{\mathrm{s\beta}} \;)^{\mathrm{T}} \tag{7-54}$$

输入变量为

$$\boldsymbol{U} = (\; u_{\mathrm{s\alpha}} \quad u_{\mathrm{s\beta}} \quad T_{\mathrm{L}} \;)^{\mathrm{T}} \tag{7-55}$$

3. $\omega - i_{\mathrm{s}} - \psi_{\mathrm{s}}$ 为状态变量的状态方程

由式（7-44）中第 1、2 行解出

$$\begin{cases} i_{\mathrm{rd}} = \dfrac{1}{L_{\mathrm{m}}}(\psi_{\mathrm{sd}} - L_{\mathrm{s}}i_{\mathrm{sd}}) \\[3mm] i_{\mathrm{rq}} = \dfrac{1}{L_{\mathrm{m}}}(\psi_{\mathrm{sq}} - L_{\mathrm{s}}i_{\mathrm{sq}}) \end{cases} \tag{7-56}$$

代入式（7-43），得

$$\begin{aligned} T_{\mathrm{e}} &= n_{\mathrm{p}}(\, i_{\mathrm{sq}}\psi_{\mathrm{sd}} - L_{\mathrm{s}}i_{\mathrm{sd}}i_{\mathrm{sq}} - i_{\mathrm{sd}}\psi_{\mathrm{sq}} + L_{\mathrm{s}}i_{\mathrm{sq}}i_{\mathrm{sd}} \,) \\ &= n_{\mathrm{p}}(\, i_{\mathrm{sq}}\psi_{\mathrm{sd}} - i_{\mathrm{sd}}\psi_{\mathrm{sq}} \,) \end{aligned} \tag{7-57}$$

将式（7-56）代入式（7-44）后两行，得

$$\begin{cases} \psi_{\mathrm{rd}} = -\sigma \dfrac{L_{\mathrm{r}} L_{\mathrm{s}}}{L_{\mathrm{m}}}i_{\mathrm{sd}} + \dfrac{L_{\mathrm{r}}}{L_{\mathrm{m}}}\psi_{\mathrm{sd}} \\[3mm] \psi_{\mathrm{rq}} = -\sigma \dfrac{L_{\mathrm{r}} L_{\mathrm{s}}}{L_{\mathrm{m}}}i_{\mathrm{sq}} + \dfrac{L_{\mathrm{r}}}{L_{\mathrm{m}}}\psi_{\mathrm{sq}} \end{cases} \tag{7-58}$$

将式（7-56）和式（7-58）代入式（7-46），消去 i_{rd}、i_{rq}、ψ_{rd}、ψ_{rq}，再考虑式（7-19），经整理后得状态方程为

$$\begin{cases} \dfrac{\mathrm{d}\omega}{\mathrm{d}t} = \dfrac{n_\mathrm{p}^2}{J}(i_\mathrm{sq}\boldsymbol{\Psi}_\mathrm{sd} - i_\mathrm{sd}\boldsymbol{\Psi}_\mathrm{sq}) - \dfrac{n_\mathrm{p}}{J}T_\mathrm{L} \\[3mm] \dfrac{\mathrm{d}\psi_\mathrm{sd}}{\mathrm{d}t} = -R_\mathrm{s}i_\mathrm{sd} + \omega_1\psi_\mathrm{sq} + u_\mathrm{sd} \\[3mm] \dfrac{\mathrm{d}\psi_\mathrm{sq}}{\mathrm{d}t} = -R_\mathrm{s}i_\mathrm{sq} - \omega_1\psi_\mathrm{sd} + u_\mathrm{sq} \\[3mm] \dfrac{\mathrm{d}i_\mathrm{sd}}{\mathrm{d}t} = \dfrac{1}{\sigma L_\mathrm{s}T_\mathrm{r}}\psi_\mathrm{sd} + \dfrac{1}{\sigma L_\mathrm{s}}\omega\psi_\mathrm{sq} - \dfrac{R_\mathrm{s}L_\mathrm{r}+R_\mathrm{r}L_\mathrm{s}}{\sigma L_\mathrm{s}L_\mathrm{r}}i_\mathrm{sd} + (\omega_1 - \omega)i_\mathrm{sq} + \dfrac{u_\mathrm{sd}}{\sigma L_\mathrm{s}} \\[3mm] \dfrac{\mathrm{d}i_\mathrm{sq}}{\mathrm{d}t} = \dfrac{1}{\sigma L_\mathrm{s}T_\mathrm{r}}\psi_\mathrm{sq} - \dfrac{1}{\sigma L_\mathrm{s}}\omega\psi_\mathrm{sd} - \dfrac{R_\mathrm{s}L_\mathrm{r}+R_\mathrm{r}L_\mathrm{s}}{\sigma L_\mathrm{s}L_\mathrm{r}}i_\mathrm{sq} - (\omega_1 - \omega)i_\mathrm{sd} + \dfrac{u_\mathrm{sq}}{\sigma L_\mathrm{s}} \end{cases} \tag{7-59}$$

状态变量为

$$\boldsymbol{X} = \begin{pmatrix} \omega & \psi_\mathrm{sd} & \psi_\mathrm{sq} & i_\mathrm{sd} & i_\mathrm{sq} \end{pmatrix}^\mathrm{T} \tag{7-60}$$

输入变量与式（7-52）相同，即

$$\boldsymbol{U} = \begin{pmatrix} u_\mathrm{sd} & u_\mathrm{sq} & \omega_1 & T_\mathrm{L} \end{pmatrix}^\mathrm{T}$$

同样，若令 $\omega_1 = 0$，可得以 ω-i_s-ψ_s 为状态变量在静止两相坐标系 $O\alpha\beta$ 中的状态方程为

$$\begin{cases} \dfrac{\mathrm{d}\omega}{\mathrm{d}t} = \dfrac{n_\mathrm{p}^2}{J}(i_\mathrm{s\beta}\psi_\mathrm{s\alpha} - i_\mathrm{s\alpha}\psi_\mathrm{s\beta}) - \dfrac{n_\mathrm{p}}{J}T_\mathrm{L} \\[3mm] \dfrac{\mathrm{d}\psi_\mathrm{s\alpha}}{\mathrm{d}t} = -R_\mathrm{s}i_\mathrm{s\alpha} + u_\mathrm{s\alpha} \\[3mm] \dfrac{\mathrm{d}\psi_\mathrm{s\beta}}{\mathrm{d}t} = -R_\mathrm{s}i_\mathrm{s\beta} + u_\mathrm{s\beta} \\[3mm] \dfrac{\mathrm{d}i_\mathrm{s\alpha}}{\mathrm{d}t} = \dfrac{1}{\sigma L_\mathrm{s}T_\mathrm{r}}\psi_\mathrm{s\alpha} + \dfrac{1}{\sigma L_\mathrm{s}}\omega\psi_\mathrm{s\beta} - \dfrac{R_\mathrm{s}L_\mathrm{r}+R_\mathrm{r}L_\mathrm{s}}{\sigma L_\mathrm{s}L_\mathrm{r}}i_\mathrm{s\alpha} - \omega i_\mathrm{s\beta} + \dfrac{u_\mathrm{s\alpha}}{\sigma L_\mathrm{s}} \\[3mm] \dfrac{\mathrm{d}i_\mathrm{s\beta}}{\mathrm{d}t} = \dfrac{1}{\sigma L_\mathrm{s}T_\mathrm{r}}\psi_\mathrm{s\beta} - \dfrac{1}{\sigma L_\mathrm{s}}\omega\psi_\mathrm{s\alpha} - \dfrac{R_\mathrm{s}L_\mathrm{r}+R_\mathrm{r}L_\mathrm{s}}{\sigma L_\mathrm{s}L_\mathrm{r}}i_\mathrm{s\beta} + \omega i_\mathrm{s\alpha} + \dfrac{u_\mathrm{s\beta}}{\sigma L_\mathrm{s}} \end{cases} \tag{7-61}$$

静止两相坐标系中电磁转矩表达式为

$$T_\mathrm{e} = n_\mathrm{p}(i_\mathrm{s\beta}\psi_\mathrm{s\alpha} - i_\mathrm{s\alpha}\psi_\mathrm{s\beta}) \tag{7-62}$$

7.6 异步电动机按转子磁链定向的矢量控制系统

前面指出任意旋转坐标系（Odq）中的数学模型还不如静止两相坐标系（$O\alpha\beta$）中的简单，也就是完全任意的旋转坐标系无实际使用意义。实际中，常采用按转子磁链定向的同步旋转坐标系，在按转子磁链定向坐标系中，可以用直流电动机的方法控制电磁转矩与磁链，然后将转子磁链定向坐标系中的控制量经逆变换得到三相坐标系的对应量，以实施控制。由于变换的是矢量，所以坐标变换也可称作矢量变换，相应的控制系统称为矢量控制（Vector Control，VC）系统。

7.6.1 按转子磁链定向同步旋转坐标系中的状态方程

令 Odq 坐标系与转子磁链矢量同步旋转，且使得 d 轴与转子磁链矢量重合，即为按转子磁链定向同步旋转坐标系 Omt（为区别任意旋转坐标系而定义，也会与 Odq 坐标系互相使用）。由于 m 轴与转子磁链矢量重合，则

$$\begin{cases} \psi_{rm} = \psi_{rd} = \psi_r \\ \psi_{rt} = \psi_{rq} = 0 \end{cases} \tag{7-63}$$

为了保证 m 轴与转子磁链矢量始终重合，必须使

$$\frac{d\psi_{rt}}{dt} = \frac{d\psi_{rq}}{dt} = 0 \tag{7-64}$$

将式（7-63）、式（7-64）代入式（7-50）中第 1、2 及 4、5 行，得按转子磁链定向同步旋转坐标系 Omt 的状态方程为

$$\begin{cases} \dfrac{d\omega}{dt} = \dfrac{n_p^2 L_m}{J L_r} i_{st} \psi_r - \dfrac{n_p}{J} T_L \\[2mm] \dfrac{d\psi_r}{dt} = -\dfrac{1}{T_r}\psi_r + \dfrac{L_m}{T_r} i_{sm} \\[2mm] \dfrac{d i_{sm}}{dt} = \dfrac{L_m}{\sigma L_s L_r T_r}\psi_r - \dfrac{R_s L_r^2 + R_r L_m^2}{\sigma L_s L_r^2} i_{sm} + \omega_1 i_{st} + \dfrac{u_{sm}}{\sigma L_s} \\[2mm] \dfrac{d i_{st}}{dt} = -\dfrac{L_m}{\sigma L_s L_r}\omega\psi_r - \dfrac{R_s L_r^2 + R_r L_m^2}{\sigma L_s L_r^2} i_{st} - \omega_1 i_{sm} + \dfrac{u_{st}}{\sigma L_s} \end{cases} \tag{7-65}$$

并且将式（7-63）、式（7-64）代入式（7-50）中第 3 行得

$$\frac{d\psi_{rt}}{dt} = -(\omega_1 - \omega)\psi_r + \frac{L_m}{T_r} i_{st} = 0$$

由此导出 Omt 坐标系的旋转角速度为

$$\omega_1 = \omega + \frac{L_m}{T_r \psi_r} i_{st} \tag{7-66}$$

将坐标系旋转角速度与转子转速之差定义为转差角频率 ω_s，即

$$\omega_s = \omega_1 - \omega = \frac{L_m}{T_r \psi_r} i_{st} \tag{7-67}$$

将式（7-63）代入式（7-48），得按转子磁链定向同步旋转坐标系 Omt 中的电磁转矩为

$$T_e = \frac{n_p L_m}{L_r} i_{st} \psi_r \tag{7-68}$$

又由式（7-65）第 2 行得转子磁链为

$$\psi_r = \frac{L_m}{T_r p + 1} i_{sm} \tag{7-69}$$

式中，p 为微分算子。这样就得到异步电动机经坐标变换后最重要的两个式子，式（7-68）、式（7-69）表明，电动机转子磁链取决于 i_{sm}，而 i_{st} 的值决定转矩大小。可以说，异步电动

机按转子磁链定向同步旋转坐标系 Omt 中的数学模型与直流电动机的数学模型一致，或者说，若以定子电流为输入量，按转子磁链定向同步旋转坐标系中的异步电动机与直流电动机等效。

上述分析过程表明，按转子磁链定向同步旋转坐标系中的数学模型实际上是任意旋转坐标系模型的一个特例。通过坐标系旋转角速度的选取，简化了数学模型；通过按转子磁链定向，将定子电流分解为励磁分量 i_{sm} 和转矩分量 i_{st}，使转子磁链 ψ_r 仅由定子电流励磁分量 i_{sm} 产生，而电磁转矩 T_e 正比于转子磁链和定子电流转矩分量的乘积 $i_{st}\psi_r$，实现了定子电流两个分量的解耦。因此，按转子磁链定向同步旋转坐标系中的异步电动机数学模型与直流电动机动态模型相当。

7.6.2　按转子磁链定向矢量控制的基本思想

异步电动机经过坐标变换可以等效成直流电动机，就可以模仿直流电动机进行控制。即先用控制器产生按转子磁链定向坐标系中的定子电流励磁分量和转矩分量给定值 i_{sm}^* 和 i_{st}^*，经过逆旋转变换 VR^{-1} 得到 $i_{s\alpha}^*$ 和 $i_{s\beta}^*$，再经过 2/3 变换得到 i_A^*、i_B^* 和 i_C^*，然后通过电流闭环控制，输出异步电动机调速所需的三相定子电流。这样，就得到矢量控制系统的原理结构图，如图 7-11 所示。

若忽略变频器可能产生的滞后，再考虑到 2/3 变换器与电动机内部的 3/2 变换环节相抵消，控制器后面的逆旋转变换器 VR^{-1} 与电动机内部的旋转变换环节 VR 相抵消，则图 7-11 中点画线框内的部分可以用传递函数为 1 的直线代替，那么，矢量控制系统就相当于直流调速系统了，图 7-12 为简化后的等效直流调速系统。可以想象，这样的矢量控制交流变压变频调速系统在静、动态性能上可以与直流调速系统媲美。

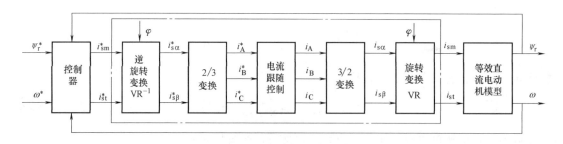

图 7-11　矢量控制系统原理结构图

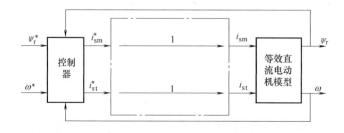

图 7-12　简化后的等效直流调速系统

7.6.3　按转子磁链定向矢量控制系统的实现

将检测到的三相电流（实际只要检测两相就够了）施行 3/2 变换和旋转变换，得到按转子磁链定向坐标系中的电流 i_{sm} 和 i_{st}，采用 PI 调节软件构成电流闭环控制，电流调节器的输出为定子电压给定值 u_{sm}^* 和 u_{st}^*，经过逆旋转变换得到静止两相坐标系的定子电压给定值 $u_{s\alpha}^*$ 和 $u_{s\beta}^*$，再经 SVPWM 控制逆变器输出三相电压，如图 7-13 所示。

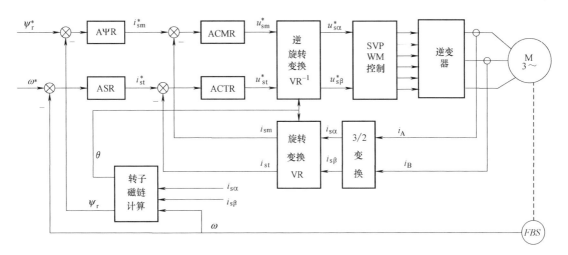

图 7-13　定子电流励磁分量和转矩分量闭环控制的矢量控制系统结构图

7.6.4　磁链开环转差型矢量控制系统——间接定向

以上介绍的转子磁链闭环控制的矢量控制系统中，转子磁链幅值和位置信号均由磁链模型计算获得，都受到电动机参数 T_r 和 L_m 变化的影响，造成控制的不准确性。既然这样，与其采用磁链闭环控制而反馈不准，不如采用磁链开环控制，系统反而会简单一些。采用磁链开环的控制方式，无需转子磁链幅值，但对于矢量变换而言，仍然需要转子磁链的位置信号。由此可知，转子磁链的计算仍然不可避免，如果利用给定值间接计算转子磁链的位置，可简化系统结构，这种方法称为间接定向。

间接定向的矢量控制系统借助于矢量控制方程中的转差公式，构成转差型的矢量控制系统，如图 7-14 所示。它继承了基于稳态模型转差频率控制系统的优点，又利用基于动态模型的矢量控制规律克服了其大部分的不足之处。

该系统的主要特点如下：

1）用定子电流转矩分量给定信号 i_{st}^* 和转子磁链给定信号 ψ_r^* 计算转差频率给定信号 ω_s^*，即

$$\omega_s^* = \frac{L_m}{T_r \psi_r^*} i_{st}^* \qquad (7-70)$$

将转差频率给定信号 ω_s^* 加上实际转速 ω，得到坐标系的旋转角速度 ω_l^*，经积分环节产生矢量变换角，实现转差频率控制功能。

2）定子电流励磁分量给定信号 i_{sm}^* 和转子磁链给定信号 ψ_r^* 之间的关系是靠式（7-71）

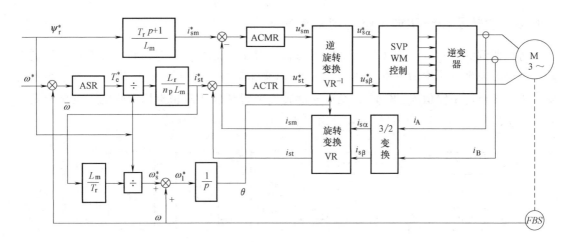

图 7-14 磁链开环转差型矢量控制系统

建立的。

$$i_{\rm sm}^* = \frac{T_{\rm r}p+1}{L_{\rm m}}\psi_{\rm r}^* \qquad (7-71)$$

其中的比例微分环节 $(T_{\rm r}p+1)$ 使 $i_{\rm sm}^*$ 在动态中获得强迫励磁效应,从而克服实际磁通的滞后。

由以上特点可以看出,磁链开环转差型矢量控制系统的磁场定向由磁链和电流转矩分量给定信号确定,靠矢量控制方程保证,并没有用磁链模型实际计算转子磁链及其相位,所以属于间接的磁场定向。但由于矢量控制方程中包含电动机转子参数,定向精度仍受参数变化的影响,磁链和电流转矩分量给定值与实际值存在差异,将影响系统的性能。

最后,对按转子磁链定向的矢量控制系统做一总结。

矢量控制系统的特点如下:

1)按转子磁链定向,实现了定子电流励磁分量和转矩分量的解耦,需要电流闭环控制。

2)转子磁链系统的控制对象是稳定的惯性环节,可以采用磁链闭环控制,也可以是开环控制。

3)采用连续的 PI 控制,转矩与磁链变化平稳,电流闭环控制可有效地限制起、制动电流。

矢量控制系统存在的问题如下:

1)转子磁链计算精度受易于变化的转子电阻的影响,转子磁链的角度精度影响定向的准确性。

2)需要矢量变换,系统结构复杂,运算量大。

7.7 CPU 在异步电动机矢量控制系统中的实现

7.7.1 控制系统总体设计

鉴于直接转子磁场定向矢量控制系统较为复杂、磁链反馈信号不易获取等缺点,而转差频率矢量控制方法是按转子磁链定向的间接矢量控制系统，不需要进行磁通检测和坐标变换，并具有控制简单、控制精度高、良好的动静态性能等特点。图 7-15 为间接矢量控制系统框图。

控制系统主要由两部分组成，即主回路和基于 CPU 的控制电路。CPU 的控制主要由软件编程实现，系统的软件由电流采样、转速采样、矢量变换、PWM 输出等模块组成。

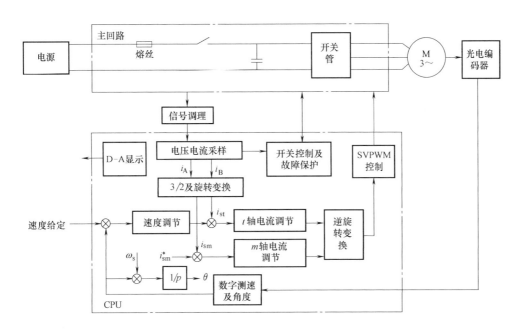

图 7-15　异步电动机的间接矢量控制框图

7.7.2　编程分析

程序流程图如图 7-16 所示，由主程序和中断服务程序组成。主程序主要负责 CPU 的系统初始化以及各个变量的初始化，中断服务子程序包括 PWM 中断服务子程序、A-D 采样中断服务子程序、测速定时中断和测速捕获中断等。矢量控制算法实时性要求高，因此算法各个子模块都分布在各中断中，其中 A-D 的采样中断服务子程序、测速定时中断和测速捕获中断在前面的章节已经介绍过，这里重点介绍 PWM 中断服务子程序，也是实际上的异步电动机控制中最关键部分。

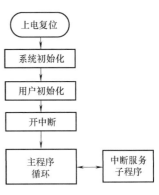

图 7-16　程序流程图

1. 初始化

初始化包括 CPU 的系统初始化以及各个变量的初始化，具体范例如下：

RCC_Configuration( );//设置系统时钟

ADC_Configuration( );//设置 ADC

GPIO_Configuration( );//设置 GPIO 端口

```
USART_Configuration( );
TIM1_Configuration( );//设置 TIM
TIM2_Configuration( );
TIM3_Configuration( );
TIM4_Configuration( );
NVIC_Configuration( );//设置 NVIC

int    Mkp = 8000;
int    Mki = 20;
long   M_saur = 0xA280000;

int    Tkp = 8000;
int    Tki = 20;
long   T_saur = 0xA280000;

int    Skp = 40000;
int    Ski = 60;
long   S_saur = 0x2D80000;

#define pwm_pr 3199
TIM1->ARR = pwm_pr;              //设定计数器自动重装值

int IsQ_GeiDing = 0;//转矩电流分量 Q7 格式
int IsD_GeiDing = 100;//励磁电流分量给定 Q7 格式

long k_delta_thita = 50;

long ZhuanCha_XiShu = 27000;//转差计算系数 Q11
```

数字 PI 调节器及数字测速的原理及初始化的工作已在前面有关章节的内容中介绍过，下面针对其他变量初始化，重点讨论变量的初始赋值情况。

pwm_ pr 是 TIM1 的比较寄存器值，它决定 SVPWM 的周期，在这里选用 10kHz，另外还会在计算 thita 变化率中使用；IsD_ GeiDing 是 d 轴电流给定，也是转子磁链给定值的估算值；k_ delta_ thita 是旋转坐标旋转角度的计算系数，由此计算旋转坐标的角度；ZhuanCha_ XiShu 是转差速度的计算系数。下面分别介绍它们初始值的计算过程。

（1）pwm_ pr 的初值计算

在 2.1.2 小节中，定时器 1 的频率为 64MHz，又设置 TIM1->CR1 | = 1<<5（上下计数模式），因此计算出 T1PR = (period×T1CLK)/2 = 3200。

（2）IsD_ GeiDing 的初值计算

已知转子磁链闭环控制的矢量控制系统中，转子磁链幅值和位置信号均由磁链模型计算获得，都受到电动机参数 T_r 和 L_m 变化的影响，造成控制的不准确性。既然这样，与其采用磁链闭环控制而反馈不准，不如采用磁链开环控制，系统反而会简单一些。因此，异步电动机矢量控制系统采用图 7-15 所示系统实现，IsD_ GeiDing 即 i_{sm} 须初值计算，下面分析其初值的设定。

由三相交流电压合成式：

$$\boldsymbol{U}_s = \boldsymbol{U}_{AO} + \boldsymbol{U}_{BO} + \boldsymbol{U}_{CO}$$

$$= U_m\cos(\omega_1 t) + U_m\cos\left(\omega_1 t - \frac{2\pi}{3}\right)e^{j\gamma} + U_m\cos\left(\omega_1 t - \frac{4\pi}{3}\right)e^{j2\gamma}$$

$$= \frac{3}{2}U_m e^{j\omega_1 t} = u_s e^{j\omega_1 t}$$

及合成电压与磁链关系式：

$$\boldsymbol{U}_s \approx \frac{\mathrm{d}}{\mathrm{d}t}\left(\psi_s e^{j(\omega_1 t + \phi)}\right)$$

$$= j\omega_1 \psi_s e^{j(\omega_1 t + \phi)} = \omega_1 \psi_s e^{j\left(\omega_1 t + \frac{\pi}{2} + \phi\right)}$$

得到

$$|u_s| = |\omega_1||\psi_s| \tag{7-72}$$

式中，$u_s = \frac{\sqrt{3}}{2}u_d$（调制度为 1）

$$\psi_s = \frac{u_s}{\omega_1} = \frac{\frac{\sqrt{3}}{2}u_d}{\omega_1} = \frac{21}{100\pi} = 0.067 \tag{7-73}$$

直流母线电压 $u_d = 24\mathrm{V}$，近似认为 $\psi_s = \psi_r$，为什么可以这样认为呢？

图 7-17 给出了 Od、q 坐标系下的磁通量（ψ_r、ψ_s、ψ_m）之间的关系，可看出转子磁链和定子磁链分别是气隙磁链与定子绕组的漏磁链和转子绕组的漏磁链的和，由于漏磁链都较小，可以近似认为转子磁链和定子磁链相等。

又

$$\psi_r = \frac{L_m}{T_r p + 1}i_{sm} \tag{7-74}$$

T_r 值较小，得

$$i_{sm}^* = \frac{\psi_r^*}{L_m} = \frac{0.067}{0.7422} = 0.092 \tag{7-75}$$

$$i_{smd}^* = i_{sm}^* k_1 = 0.092 \times 1024 \approx 100 \tag{7-76}$$

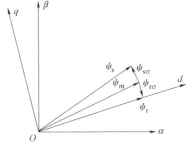

图 7-17　感应电动机的磁链空间矢量图

式中，k_1 是 Q10 格式系数。因此，采用 Q10 格式算出 d 轴电流给定为 100。

（3）k_ delta_ thita 的初值计算

k_ delta_ thita 是一个计算系数，在求一个 SVPWM 开关周期 d、q 轴旋转角度时用到，求出 d、q 轴角度再加上电压合成矢量在 Odq 坐标系中的角度，即为电压合成矢量的角度。

如图 7-18 所示，刚开始旋转坐标系为 Odq，一个开关周期后旋转坐标系为 Od_1q_1，二者的角度之差为 $\Delta\theta_d$。

$\Delta\theta_d = \omega_1 \times k\_$ delta$\_$ thita，其中 ω_1 为旋转磁链的角速度，k$\_$ delta$\_$ thita 就是要计算的一个系数。可看出 $\Delta\theta_d$ 应为 $\dfrac{\omega_1 \times 360}{2\pi f_s}$，$f_s$ 是开关频率，则 k$\_$ delta$\_$ thita 为 $\dfrac{360}{2\pi f_s}$，在程序中定义 360°表示的数值为 12288，则 k$\_$ delta$\_$ thita 为 $\dfrac{12288}{2\pi f_s}$。如果以 Q8 格式表示，则 $50 = [12288/(2\pi \times 10000)] \times 2^8$。

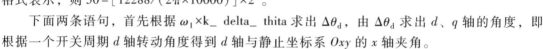

图 7-18 一个开关周期后的旋转坐标关系

下面两条语句，首先根据 $\omega_1 \times k\_$ delta$\_$ thita 求出 $\Delta\theta_d$，由 $\Delta\theta_d$ 求出 d、q 轴的角度，即根据一个开关周期 d 轴转动角度得到 d 轴与静止坐标系 Oxy 的 x 轴夹角。

Delta_Thita_long = (long)k_delta_thita * (long)Omega_1_long<<1;//Q16，因 Omega_1_long 为 Q8

thita_ZhuanZi_long = thita_ZhuanZi_long+ Delta_Thita_long;

（4）转差速度的计算系数 ZhuanCha_ XiShu 的初值计算

电动机参数：定子电阻 $R_s = 12\Omega$，转子电阻 $R'_r = 10.7\Omega$，漏感感抗 $X_1 = X_2 = 31.2\Omega$，互感感抗 $X_m = 223.17\Omega$，因此有

$$L_m = \frac{X_m}{\omega_1} = \frac{223.17\Omega}{100\pi} = 0.7422\text{H} \tag{7-77}$$

$$L_{ls} = L_{lr} = \frac{X_m}{\omega_1} = \frac{31.2\Omega}{100\pi} = 0.0993\text{H} \tag{7-78}$$

$$L_s = L_m + L_{ls} = 0.7422\text{H} + 0.0993\text{H} = 0.8415\text{H} \tag{7-79}$$

$$L_r = L_m + L_{rs} = 0.7422\text{H} + 0.0993\text{H} = 0.8415\text{H} \tag{7-80}$$

$$T_r = \frac{L_r}{R'_r} = \frac{0.8415\text{H}}{10.7\Omega} = 0.0786 \tag{7-81}$$

$$\omega_s^* = \frac{L_m}{T_r\psi_r^*}i_{st}^* = R'_r\frac{L_m}{L_r\psi_r^*}i_{st}^* \tag{7-82}$$

$$\text{ZhuanCha\_XiShu} = \frac{L_m}{L_r\psi_r^*} = \frac{0.7422\text{H}}{0.8415\text{H} \times 0.067\text{Wb}} = 13.164 \tag{7-83}$$

采用 Q11 格式，则

$$\text{ZhuanCha\_XiShu} = 2048 \times 13.164 \approx 27000 \tag{7-84}$$

2. PWM 中断程序分析

PWM 中断子程序是整个系统控制软件的核心，主要完成转速闭环调节、转矩电流闭环调节、励磁电流闭环调节、直角坐标/极坐标（R/P）变换、转子磁链角计算、SVPWM 生成等。图 7-19 为 PWM 中断服务子程序流程图。

其中，转子磁链角及合成电压矢量角度的计算是实现 SVPWM 的关键，已知转子磁链角

应用于坐标变换当中，而合成电压矢量角应用于空间矢量 PWM 的实现过程中。下面分析如何得到转子磁链角及合成电压矢量角度。

1）转子磁链角度计算，实际也是 Odq 坐标系的旋转角度。一个 PWM 周期 Odq 坐标系旋转的角度为

Delta _ Thita _ long = w1/Fpwm（弧度）=（w1/Fpwm）×360/ 2π =k_ delta_ thita×w1。

2）$\boldsymbol{U}_s$ 在 Odq 坐标系中角度 Thita_ MT 的计算：

$\boldsymbol{U}_s$ 在 Omt 坐标系中角度 Thita_ MT 及幅值通过极坐标变换得到。幅值为

$$u_s = \sqrt{u_m^2 + u_t^2} \tag{7-85}$$

$$\theta'_{mt} = \arctan \frac{u_t}{u_m} \tag{7-86}$$

实际编程过程的算法如下：

1）幅值计算：

$$z = \sqrt{x^2 + y^2}$$

程序实现方法可通过下面的逻辑关系得到：

$$if(x>y)$$

$$z = \sqrt{x^2 + y^2} = x \sqrt{1 + \left(\frac{y}{x}\right)^2}$$

else

$$z = \sqrt{x^2 + y^2} = y \sqrt{1 + \left(\frac{x}{y}\right)^2}$$

可看出，建立 $\sqrt{1} \sim \sqrt{2}$ 的表格，按照 $\frac{x}{y}$ 或者 $\frac{y}{x}$ 进行查表。如建立表格 $\sqrt{1} \sim \sqrt{2}$ 分为 250 个点，并将其放大 2^{13} 倍，即可得到 $\sqrt{1} \sim \sqrt{2} = (\sqrt{1} \sim \sqrt{2}) \times 2^{13} = 8192 \sim 11585$。

2）角度计算：

$$\theta_{dq} = \arctan \frac{u_d}{u_q} \tag{7-87}$$

采用分区进行查表计算，总共分成 8 个区，每个区 45°，总共有 17 种情况，如图6-20所示，根据不同情况，求出 Thita_ DQ。

3）合成电压矢量 $\boldsymbol{U}_s$ 的角度 Thita 等于上面两部分之和，如图 7-20 所示。一个开关周期后，Odq 坐标系由 Od_1q_1 旋转到 Od_2q_2，旋转坐标的角度由 thita_ axis_ long = thita_ axis_ long + Delta_ Thita_ long 算出，Thita_ DQ 的大小由

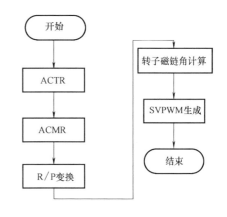

图 7-19　PWM 中断子程序流程图

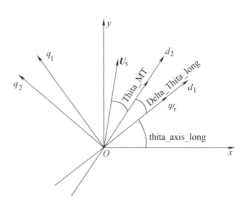

图 7-20　$\boldsymbol{U}_s$ 的角度 Thita 示意图

U_s 在 Omt 坐标系中角度求出，二者之和为 U_s 的角度 Thita。

3. 中断程序

```c
void TIM1_UP_IRQHandler( void)
{

    if( TIM1->CNT<1600)
    {
        Iv_result = ADCConvertedValue[1];
        Iw_result = ADCConvertedValue[2];
        Isa = ( long)( Iv_result-3105);
        Isb = ( long)( Iw_result-3100);
        /* 3/2 变换 */
        IsAlpha = Isa * ( long)ThreeDivide2Q14>>14;
        IsBeta = ( Isa * ( long)Sqrt3Divide2Q14+Isb * ( long)Sqrt3Q14) >>14;

        if( thita_ZhuanZi<3072)
        {
        //90~3072 180~6144 270~9216 360~12288
            SinThita = SinTable[ thita_ZhuanZi];          //值域 0~3071
            CosThita = SinTable[ 3071-thita_ZhuanZi];     //Thita 位于第一象限
        }
        else if( thita_ZhuanZi<6144)
        {
            SinThita =   SinTable[ 6143-thita_ZhuanZi];  //Thita 位于第二象限
            CosThita = -SinTable[ thita_ZhuanZi-3072];    //值域 3072~6143
        }
        else if( thita_ZhuanZi<9216)
        {
            SinThita = -SinTable[ thita_ZhuanZi-6144];   //Thita 位于第三象限
            CosThita = -SinTable[ 9215-thita_ZhuanZi];    //值域 6144~9215
        }
        else
        {
            SinThita = -SinTable[ 12287-thita_ZhuanZi];    // Thita 位于第四象限
            CosThita =   SinTable[ thita_ZhuanZi-9216];     //值域 9216~12287
        }

        /* clark 变换 */
        IsD = ( int)( IsAlpha * ( long)CosThita+IsBeta * ( long)SinThita>>15);
```

```
IsQ=(int)(-IsAlpha * (long)SinThita+IsBeta * (long)CosThita>>15);



IsQ_GeiDing=Te;//Te 为速度环 PI 输出



Ud=ACMR_PI();
Uq=ACTR_PI();



RP_transformation();//US    Thita_dq
```

Omega_ s_ long = （long） Rr * （long） IsQ_ GeiDing * （ZhuanCha_ XiShu） >>13；//7；//Rr-Q5, IsQ_ GeiDing- Q7. ZhuanCha_ XiShu-Q11--->Q7

```
    Omega_ long= （long） Omega<<7；//转速反馈，Q7
    Omega_ 1_ long= （Omega_ long+ Omega_ s_ long）；//Q7，转差+实际转速=转子
磁链转速（同步转速）
    Delta_ Thita_ long= （long） k_ delta_ thita * （long） Omega_ 1_ long<<1；//k_
delta_thita 为 Q8，Omega_ 1_ long 为 Q8，故 Delta_ Thita_ long 为 Q16
    thita_ ZhuanZi_ long=  thita_ ZhuanZi_ long+ Delta_ Thita_ long；
    if （thita_ ZhuanZi_ long>=Degree360_ long）
      {
        thita_ ZhuanZi_ long=thita_ ZhuanZi_ long-Degree360_ long；
      }
    else if （thita_ ZhuanZi_ long<0）
      {
        thita_ ZhuanZi_ long=thita_ ZhuanZi_ long+Degree360_ long；
      }

    thita_ ZhuanZi= （thita_ ZhuanZi_ long>>16）；
    Thita=thita_ ZhuanZi+Thita_ dq；
    if （Thita>=Degree360）
      {
        Thita=Thita-Degree360；
      }
    else if （Thita<0）
      {
        Thita=Thita+Degree360；
```

```
                }


        svpwm ();


                }



        TIM_ ClearITPendingBit (TIM1, TIM_ IT_ Update);

}
```
/＊＊＊＊＊＊＊＊＊＊＊＊＊＊＊＊＊＊＊＊＊＊＊＊＊＊＊＊＊＊＊＊＊＊＊＊＊/

其中，RP_ transformation () 见第 6 章。

4. 根号及三角函数的特殊数据的处理方法

（1） 角度表示方法

前面分析了一个 PWM 周期 Odq 坐标系旋转的角度：

Delta_Thita_long ＝w1/Fpwm(弧度)＝（w1/Fpwm)×360/ 2π＝k_delta_thita×w1

其中 k_delta_thita ＝（360°/2π）×（1/ Fpwm）＝ 12288/2π×（1/ Fpwm），式中的 12288 代表 360°

在程序中角度的 sin 表达方式采用 3072 个数组表示 0°~90°，如下所示。

const int　SinTable[3072] ＝

```
{
        0,
       16,
       33,
       50,
       67,
       83,
      100,
      117,
      134,
      150,
      167,
      184,
      201,
      217,
      234,
      251,
      268,
      284,
      301,
```

318,

335,

351,

368,

385,

402,

418,

435,

452,

469,

485,

502,

519,

536,

552,

569,

586,

603,

619,

636,

653,

670,

686,

703,

720,

737,

753,

770,

787,

804,

820,

837,

854,

871,

887,

904,

921,

938,

954,

971,

988,

1005,

1021,

1038,

1055,

1072,

1088,

1105,

1122,

1139,

1155,

......

32763,

32764,

32764,

32764,

32764,

32765,

32765,

32765,

32765,

32765,

32766,

32766,

32766,

32766,

32766,

32766,

32767,

32767,

32767,

32767,

32767,

32767,

32767,

32767,

32767,

```
        32767,
        32767,
        32767,
        32767,
        32767,
};
```

因此程序中当 θ 大于 $90°$ 时要有转换，转换的程序如下：

```
if( thita_ZhuanZi<3072 )
{
//90~3072 180~6144 270~9216 360~12288
   SinThita=SinTable[ thita_ZhuanZi ];          //值域 0~3071
   CosThita=SinTable[ 3071-thita_ZhuanZi ];     / Thita 位于第一象限
}
   else if( thita_ZhuanZi<6144 )
{
   SinThita =    SinTable[ 6143-thita_ZhuanZi ]; //Thita 位于第二象限
   CosThita=-SinTable[ thita_ZhuanZi-3072 ];     //值域 3072~6143
}
else if( thita_ZhuanZi<9216 )
{
   SinThita=-SinTable[ thita_ZhuanZi-6144 ];     //Thita 位于第三象限
   CosThita=-SinTable[ 9215-thita_ZhuanZi ];     //值域 6144~9215
}
else
{
   SinThita=-SinTable[ 12287-thita_ZhuanZi ];    //Thita 位于第四象限
   CosThita =    SinTable[ thita_ZhuanZi-9216 ]; //值域 9216~12287
}
```

（2）根号的数据处理

在极坐标变换中，需要用到根号的数据，采用的方法是建立 $\sqrt{1}\sim\sqrt{2}$ 的表格，按照 $\dfrac{x}{y}$ 或者 $\dfrac{y}{x}$ 进行查表。建立表格 $\sqrt{1}\sim\sqrt{2}$ 分为 250 个点，$\sqrt{1}\sim\sqrt{2}=(\sqrt{1}\sim\sqrt{2})\times 2^{13}=8192\sim 11585$（Q13 格式），具体数组如下。

```
const int   SqrtTable[250]={8193,……,11585,};
```

7.8　两个常见问题

在研究异步电动机的矢量控制时，时常会遇到如下两个问题：①SVPWM 与 SPWM 相比电压利用率提高 15%；②等功率变换与等匝数变换的区别。下面将详细分析这两个问题。

1. SVPWM 与 SPWM 相比电压利用提高 15%

SPWM 采用三相分别调制，其中一相在 PWM 周期的等效输出波及 PWM 波如图 7-21 所示，S_1 为等效输出波在 PWM 周期的等效面积，S_2 为 PWM 周期的面积，具体计算如下：

$$S_1 = \sqrt{2}\, U_0 \sin\omega t \times T \tag{7-88}$$

$$S_2 = U_\mathrm{p} t \tag{7-89}$$

式中，$\sqrt{2}\, U_0 \sin\omega t$ 是此时等效的输出电压；U_p 是输出的 PWM 波形（其值等于 $u_\mathrm{d}/2$）。根据面积等效原则 $S_1 = S_2$，因此，可知 S_2 的面积在 $t = T$ 时最大，此时输出电压 $\sqrt{2}\, U_0 \sin\omega t = U_\mathrm{p} = u_\mathrm{d}/2$，也就是输出相电压的幅值为 $\dfrac{u_\mathrm{d}}{2}$，并可求出输出线电压的幅值为 $\dfrac{\sqrt{3}}{2} u_\mathrm{d}$，直流电压的利用率仅为 0.866。

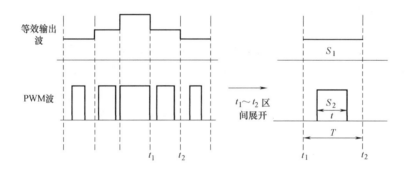

图 7-21　SPWM 调制在一个开关周期的调制波及 PWM 波

下面来分析 SVPWM 的电压输出情况，根据前面的分析，得到

$$\boldsymbol{U}_\mathrm{s} = \boldsymbol{U}_\mathrm{AO} + \boldsymbol{U}_\mathrm{BO} + \boldsymbol{U}_\mathrm{CO}$$

$$= U_\mathrm{m}\cos\left(\omega_t\right) + U_\mathrm{m}\cos\left(\omega_1 t - \frac{2\pi}{3}\right)\mathrm{e}^{\mathrm{j}\gamma} + U_\mathrm{m}\cos\left(\omega_1 t - \frac{4\pi}{3}\right)\mathrm{e}^{\mathrm{j}2\gamma}$$

$$= \frac{3}{2} U_\mathrm{m}\mathrm{e}^{\mathrm{j}\omega_1 t} = u_\mathrm{s}\mathrm{e}^{\mathrm{j}\omega_1 t}$$

因此，有

$$\frac{3}{2} U_\mathrm{m} = u_\mathrm{s}$$

相电压的峰值为

$$U_\mathrm{mmax} = \frac{2}{3} u_\mathrm{smax} \tag{7-90}$$

而 u_smax 又等于多少呢？已知两个基本矢量作用时间之和应满足

$$\frac{t_1 + t_2}{T_0} = \frac{u_\mathrm{s}}{u_\mathrm{d}}\left(\cos\theta + \frac{1}{\sqrt{3}}\sin\theta\right) = \frac{2u_\mathrm{s}}{\sqrt{3}\, u_\mathrm{d}}\cos\left(\frac{\pi}{6} - \theta\right) \leqslant 1 \tag{7-91}$$

由式（7-90）可知，当 $\theta = \dfrac{\pi}{6}$ 时，$t_1 + t_2$ 最大，输出电压矢量最大幅值为

$$u_{smax} = \frac{\sqrt{3}\, u_d}{2} \tag{7-92}$$

由式（7-90）可知，电压空间矢量的幅值是相电压幅值的 $\dfrac{3}{2}$ 倍，故基波相电压最大幅值可达

$$U_{mmax} = \frac{2}{3} u_{smax} = \frac{u_d}{\sqrt{3}} \tag{7-93}$$

基波线电压最大幅值为

$$U_{lmmax} = \sqrt{3}\, U_{mmax} = \frac{2}{\sqrt{3}} u_{smax} = u_d \tag{7-94}$$

而 SPWM 的基波线电压最大幅值为 $U'_{lmmax} = \dfrac{\sqrt{3}\, u_d}{2}$，两者之比为

$$\frac{U_{lmmax}}{U'_{lmmax}} = \frac{2}{\sqrt{3}} \approx 1.15 \tag{7-95}$$

因此，SVPWM 方式的逆变器输出线电压基波最大值为直流侧电压，比 SPWM 逆变器输出电压约提高了 15%。

2. 等功率变换与等匝数变换的区别

式（7-21）中三相到两相坐标系的变换阵为

$$\boldsymbol{C}_{3/2} = \frac{N_3}{N_2} \begin{pmatrix} 1 & -\dfrac{1}{2} & -\dfrac{1}{2} \\[2mm] 0 & \dfrac{\sqrt{3}}{2} & -\dfrac{\sqrt{3}}{2} \end{pmatrix} \tag{7-96}$$

式中，N_3 是三相坐标系中每相绕组的匝数；N_2 是两相坐标系中每相绕组的匝数。为了便于求反变换，最好将变换阵增广成可逆的方阵，其物理意义是，在两相系统上人为地增加一项虚拟的零轴磁动势 $N_2 i_0$，并定义为

$$N_2 i_0 = K N_3 (i_A + i_B + i_C) \tag{7-97}$$

式中，i_0 称作零轴电流，K 是待定系数。由于三相电流代数和 $i_A + i_B + i_C = 0$，故 $i_0 = 0$。零轴电流 i_0 并不真正地产生磁动势，也不影响电磁转矩，引入零轴电流纯粹是为了求反变换的需要。

将式（7-97）和式（7-21）合在一起，即得

$$\begin{pmatrix} i_\alpha \\ i_\beta \\ i_0 \end{pmatrix} = \frac{N_3}{N_2} \begin{pmatrix} 1 & -\dfrac{1}{2} & -\dfrac{1}{2} \\[2mm] 0 & \dfrac{\sqrt{3}}{2} & -\dfrac{\sqrt{3}}{2} \\[2mm] K & K & K \end{pmatrix} \begin{pmatrix} i_A \\ i_B \\ i_C \end{pmatrix} = \boldsymbol{C}_{3/2} \begin{pmatrix} i_A \\ i_B \\ i_C \end{pmatrix} \tag{7-98}$$

式中：

$$C_{3/2} = \frac{N_3}{N_2}\begin{pmatrix} 1 & -\dfrac{1}{2} & -\dfrac{1}{2} \\ 0 & \dfrac{\sqrt{3}}{2} & -\dfrac{\sqrt{3}}{2} \\ K & K & K \end{pmatrix} \tag{7-99}$$

是三相坐标系变换到两相坐标系的变换阵。

（1）功率不变时的坐标变换阵

要保持变换前后输入的电功率不变，应使 $C^{\mathrm{T}}C = E$ 或 $C^{\mathrm{T}} = C^{-1}$，由此可得如下结论：当电压和电流的变换阵相同时，在变换前后功率不变的条件下，变换阵的转置与其逆相等，这样的坐标变换属于正交变换。

满足功率不变条件时，应有

$$C_{3/2}^{-1} = C_{3/2}^{\mathrm{T}} = \frac{N_3}{N_2}\begin{pmatrix} 1 & 0 & K \\ -\dfrac{1}{2} & \dfrac{\sqrt{3}}{2} & K \\ -\dfrac{1}{2} & -\dfrac{\sqrt{3}}{2} & K \end{pmatrix} \tag{7-100}$$

显然，式（7-99）和式（7-100）两矩阵之积应为单位阵，即

$$\begin{aligned}
C_{3/2}C_{3/2}^{-1} &= \left(\frac{N_3}{N_2}\right)^2\begin{pmatrix} 1 & -\dfrac{1}{2} & -\dfrac{1}{2} \\ 0 & \dfrac{\sqrt{3}}{2} & -\dfrac{\sqrt{3}}{2} \\ K & K & K \end{pmatrix}\begin{pmatrix} 1 & 0 & K \\ -\dfrac{1}{2} & \dfrac{\sqrt{3}}{2} & K \\ -\dfrac{1}{2} & -\dfrac{\sqrt{3}}{2} & K \end{pmatrix} \\
&= \left(\frac{N_3}{N_2}\right)^2\begin{pmatrix} \dfrac{3}{2} & 0 & 0 \\ 0 & \dfrac{3}{2} & 0 \\ 0 & 0 & 3K^2 \end{pmatrix} = \frac{3}{2}\left(\frac{N_3}{N_2}\right)^2\begin{pmatrix} 1 & 0 & 0 \\ 0 & 1 & 0 \\ 0 & 0 & 2K^2 \end{pmatrix} = E
\end{aligned}$$

因此，$\dfrac{3}{2}\left(\dfrac{N_3}{N_2}\right)^2 = 1$，则

$$\frac{N_3}{N_2} = \sqrt{\frac{2}{3}} \tag{7-101}$$

这表明，要保持坐标变换前后的功率不变，而又要维持合成磁链相同，变换后的两相绕组每相匝数应为原三相绕组每相匝数的 $\sqrt{\dfrac{3}{2}}$ 倍。与此同时，有

$$2K^2 = 1$$

或

$$K = \frac{1}{\sqrt{2}} \tag{7-102}$$

将式（7-101）和式（7-102）代入式（7-99），即得功率不变的三相到两相变换阵为

$$C_{3/2} = \sqrt{\frac{2}{3}} \begin{pmatrix} 1 & -\dfrac{1}{2} & -\dfrac{1}{2} \\ 0 & \dfrac{\sqrt{3}}{2} & -\dfrac{\sqrt{3}}{2} \\ \dfrac{1}{\sqrt{2}} & \dfrac{1}{\sqrt{2}} & \dfrac{1}{\sqrt{2}} \end{pmatrix} \tag{7-103}$$

反之，如果要从两相坐标系变换到三相坐标系（简称 2/3 变换），可求其反变换，由式（7-100）可得

$$C_{2/3} = C_{3/2}^{-1} = \sqrt{\frac{2}{3}} \begin{pmatrix} 1 & 0 & \dfrac{1}{\sqrt{2}} \\ -\dfrac{1}{2} & \dfrac{\sqrt{3}}{2} & \dfrac{1}{\sqrt{2}} \\ -\dfrac{1}{2} & -\dfrac{\sqrt{3}}{2} & \dfrac{1}{\sqrt{2}} \end{pmatrix} \tag{7-104}$$

（2）匝数不变时的坐标变换阵

功率不变不是坐标变换的必须条件，也可采用使变换前后匝数不变，即 $\dfrac{N_3}{N_2} = 1$，代入式（7-99），得到匝数不变的三相到两相变换阵为

$$C_{3/2}' = \begin{pmatrix} 1 & -\dfrac{1}{2} & -\dfrac{1}{2} \\ 0 & \dfrac{\sqrt{3}}{2} & -\dfrac{\sqrt{3}}{2} \\ K & K & K \end{pmatrix} \tag{7-105}$$

其逆变换为

$$C_{2/3}' = C_{3/2}'^{-1} = \begin{pmatrix} \dfrac{2}{3} & 0 & \dfrac{1}{3K} \\ -\dfrac{1}{3} & \dfrac{\sqrt{3}}{3} & \dfrac{1}{3K} \\ -\dfrac{1}{3} & -\dfrac{\sqrt{3}}{3} & \dfrac{1}{3K} \end{pmatrix} \tag{7-106}$$

变换前电功率为

$$P = \boldsymbol{i}^{\mathrm{T}} \boldsymbol{u} = (\boldsymbol{C}'_{2/3}\boldsymbol{i}')^{\mathrm{T}}\boldsymbol{C}'_{2/3}\boldsymbol{u}' = \boldsymbol{i}'^{\mathrm{T}}\boldsymbol{C}'^{\mathrm{T}}_{2/3}\boldsymbol{C}'_{2/3}\boldsymbol{u}'$$

$$= \boldsymbol{i}'^{\mathrm{T}} \begin{pmatrix} \dfrac{2}{3} & -\dfrac{1}{3} & -\dfrac{1}{3} \\ 0 & \dfrac{\sqrt{3}}{3} & -\dfrac{\sqrt{3}}{3} \\ \dfrac{1}{3K} & \dfrac{1}{3K} & \dfrac{1}{3K} \end{pmatrix} \begin{pmatrix} \dfrac{2}{3} & 0 & \dfrac{1}{3K} \\ -\dfrac{1}{3} & \dfrac{\sqrt{3}}{3} & \dfrac{1}{3K} \\ -\dfrac{1}{3} & -\dfrac{\sqrt{3}}{3} & \dfrac{1}{3K} \end{pmatrix} \boldsymbol{u}' = \dfrac{2}{3}\boldsymbol{i}'^{\mathrm{T}} \begin{pmatrix} 1 & 0 & 0 \\ 0 & 1 & 0 \\ 0 & 0 & \dfrac{1}{2K^2} \end{pmatrix} \boldsymbol{u}'$$

仍令 $2K^2 = 1$，即 $K = \dfrac{1}{\sqrt{2}}$，则

$$P = \boldsymbol{i}^{\mathrm{T}}\boldsymbol{u} = \frac{2}{3}\boldsymbol{i}'^{\mathrm{T}}\boldsymbol{u}' = \frac{2}{3}P' \tag{7-107}$$

故变换后电功率为

$$P' = \boldsymbol{i}'^{\mathrm{T}}\boldsymbol{u}' = \frac{3}{2}\boldsymbol{i}^{\mathrm{T}}\boldsymbol{u} = \frac{3}{2}P \tag{7-108}$$

式（7-108）表明，按匝数不变的变换原则，变换后等效两相绕组的电功率是变换前三相绕组电功率的 $\dfrac{3}{2}$ 倍。

将 $K = \dfrac{1}{\sqrt{2}}$ 代入式（7-105）和（7-106）可得匝数不变的三相到两相变换阵为

$$\boldsymbol{C}'_{3/2} = \begin{pmatrix} 1 & -\dfrac{1}{2} & -\dfrac{1}{2} \\ 0 & \dfrac{\sqrt{3}}{2} & -\dfrac{\sqrt{3}}{2} \\ \dfrac{1}{\sqrt{2}} & \dfrac{1}{\sqrt{2}} & \dfrac{1}{\sqrt{2}} \end{pmatrix} \tag{7-109}$$

和逆变换阵为

$$\boldsymbol{C}'_{2/3} = \boldsymbol{C}'^{-1}_{3/2} = \begin{pmatrix} \dfrac{2}{3} & 0 & \dfrac{\sqrt{2}}{3} \\ -\dfrac{1}{3} & \dfrac{\sqrt{3}}{3} & \dfrac{\sqrt{2}}{3} \\ -\dfrac{1}{3} & -\dfrac{\sqrt{3}}{3} & \dfrac{\sqrt{2}}{3} \end{pmatrix} \tag{7-110}$$

若将 $\dfrac{2}{3}$ 作为公因子提出，则式（7-110）可改写为

$$\boldsymbol{C}'_{2/3} = \boldsymbol{C}'^{-1}_{3/2} = \frac{2}{3} \begin{pmatrix} 1 & 0 & \dfrac{1}{\sqrt{2}} \\ -\dfrac{1}{2} & \dfrac{\sqrt{3}}{2} & \dfrac{1}{\sqrt{2}} \\ -\dfrac{1}{2} & -\dfrac{\sqrt{3}}{2} & \dfrac{1}{\sqrt{2}} \end{pmatrix} \tag{7-111}$$

（3）两种坐标变换的比较

以上分析并推导了功率不变和匝数不变的两种变换方式，从本质上说，这两种变换都是用正交的两相绕组取代三相对称组，变换前后的磁动势相等。从这个意义来说，两种变换是相同的。比较式（7-103）和式（7-109）可知，$C_{3/2} = \sqrt{\dfrac{2}{3}} C'_{3/2}$ 两种变换的差异仅在于变换后电流、电压和磁链的数值不同。

以电流为例，并考虑到三相电流代数和 $i_A + i_B + i_C = 0$，则功率不变的定子电流变换为

$$\begin{pmatrix} i_{s\alpha} \\ i_{s\beta} \\ i_0 \end{pmatrix} = \boldsymbol{C}_{3/2} \begin{pmatrix} i_A \\ i_B \\ i_C \end{pmatrix} = \sqrt{\frac{2}{3}} \begin{pmatrix} 1 & -\dfrac{1}{2} & -\dfrac{1}{2} \\ 0 & \dfrac{\sqrt{3}}{2} & -\dfrac{\sqrt{3}}{2} \\ \dfrac{1}{\sqrt{2}} & \dfrac{1}{\sqrt{2}} & \dfrac{1}{\sqrt{2}} \end{pmatrix} \begin{pmatrix} i_A \\ i_B \\ i_C \end{pmatrix} \tag{7-112}$$

由于 $i_0 = \dfrac{1}{\sqrt{2}}(i_A + i_B + i_C) = 0$，可去除第 3 行，再将 $i_B + i_C = -i_A$ 代入第 1 行，得

$$\begin{pmatrix} i_{s\alpha} \\ i_{s\beta} \\ i_0 \end{pmatrix} = \sqrt{\frac{2}{3}} \begin{pmatrix} \dfrac{3}{2} & 0 & 0 \\ 0 & \dfrac{\sqrt{3}}{2} & -\dfrac{\sqrt{3}}{2} \end{pmatrix} \begin{pmatrix} i_A \\ i_B \\ i_C \end{pmatrix} \tag{7-113}$$

同理，匝数不变的定子电流变换为

$$\begin{pmatrix} i'_{s\alpha} \\ i'_{s\beta} \\ i'_0 \end{pmatrix} = \boldsymbol{C}'_{3/2} \begin{pmatrix} i_A \\ i_B \\ i_C \end{pmatrix} = \begin{pmatrix} \dfrac{3}{2} & 0 & 0 \\ 0 & \dfrac{\sqrt{3}}{2} & -\dfrac{\sqrt{3}}{2} \end{pmatrix} \begin{pmatrix} i_A \\ i_B \\ i_C \end{pmatrix} = \sqrt{\frac{3}{2}} \begin{pmatrix} i_{s\alpha} \\ i_{s\beta} \\ i_0 \end{pmatrix} \tag{7-114}$$

以上分析表明，当匝数不变时，变换后的电流必须增大 $\sqrt{\dfrac{3}{2}}$ 倍，才能产生相同的磁动势。由于电流、电压和磁链采用相同的变换阵，当匝数不变时，变换后的电流、电压和磁链是功率不变方式的 $\sqrt{\dfrac{3}{2}}$ 倍。所以，采用匝数不变的变换方式时，两相绕组的输入电功率是三相绕组的 $\dfrac{3}{2}$ 倍。

电动机的电磁转矩为

$$T_e = n_p L_m (i_{s\beta} i_{r\alpha} - i_{s\alpha} i_{r\beta}) = \frac{2}{3} n_p L_m (i'_{s\beta} i'_{r\alpha} - i'_{s\alpha} i'_{r\beta}) \tag{7-115}$$

式中，$(i_{s\alpha} \quad i_{s\beta} \quad i_{r\alpha} \quad i_{r\beta})^T$ 是按功率不变原则变换后的定、转子电流；$(i'_{s\alpha} \quad i'_{s\beta} \quad i'_{r\alpha} \quad i'_{r\beta})^T$ 是按匝数不变原则变换后的定、转子电流。为使两种变换下的电磁转矩相同，按匝数不变原则的转矩表达式是变换后定、转子电流交叉乘积的 $\dfrac{2}{3}$ 倍。

（4）两种坐标变换的说明

再来看图 7-13，两种不同的变换只是影响 3/2 变换环节的系数，实际是电流环的反馈系数不一样，而外环的转速和磁链的大小只与给定有关，也就是说，不管采用哪种变换不会影响电动机要控制的变量。而如果系统去掉速度环 ASR，系统变为转矩控制，此时转矩给定 i_{st}^* 的大小跟 3/2 变换的方式有关，要产生相同的转矩，按匝数不变原则变换后的值是按功率不变原则变换后的值的 2/3。

习题和思考题

1. 分析异步电动机定子 A 相绕组磁链与哪些量有关？写出表达式。

2. 判断：旋转磁动势并不一定非要三相不可，二相、三相、四相等任意对称的多相绕组，通入平衡的多相电流，都能产生旋转磁动势。

3. 如果两相绕组通直流电，如何才能产生旋转磁动势？

4. 按转子磁链定向同步旋转坐标系下的两个关键公式，其含义是什么？异步电动机的矢量控制是需要坐标旋转变换的，坐标变换是如何旋转变换的？控制时如何实现？

5. 直接定向与间接定向的矢量控制系统的差别是什么？

6. 实现异步电动机矢量控制的程序组成是什么？

7. 有哪些变量需初始赋值？

8. 为什么可近似认为 $\Psi_s = \Psi_r$？

9. 直角坐标/极坐标（R/P）变换中有多少种情况要考虑？

10. 分析图 7-15。

附录

缩略语对照表

缩略语	全称	中文术语
PWM	Pulse Width Modulation	脉冲宽度调制
SPWM	Sinusoidal PWM	正弦波脉冲宽度调制
SVPWM	Space Vector PWM	空间矢量脉冲宽度调制
PLC	Programmable Logic Controller	可编程序控制器
CNC	Computer Numerical Control	计算机数字控制机床
I/O	IN/OUT	输入/输出
FA	Factory Automation	工厂自动化
SFC	Sequeential Function Chart	顺序功能流程图
FSMC	Flexible Static Memory Controller	可变静态存储控制器
STM	STMicroelectronics	
	意法半导体微电子（意法：SGS 微电子公司和法国 Thomson 半导体公司）	
SPI	Serial Peripheral Interface	串行外设接口
IIC	Inter-Integrated Circuit	内部集成总线
USB	Universal Serial Bus	通用串行总线
CAN	Controller Area Network	控制器局域网络
IIS	Internet Information Services	互联网信息服务
SDIO	Secure Digital Input and Output Card	安全数字输入输出卡
ADC	Analog-to-Digital Converter	模拟数字转换器
DAC	Digital-to-Analog Converter	数字模拟转换器
RTC	Real-Time Clock	实时时钟
DMA	Direct Memory Access	直接内存存取
QFN	Quad Flat No-lead Package	方形扁平无引脚封装
LQFP	Low-profile Quad Flat Package	薄型四方扁平式封装
QFP	Quad Flat Package	四方扁平式封装
BGA	Ball Grid Array	焊球阵列封装
JTAG	Joint Test Action Group	联合测试行为组织
SWD	Serial Wire Debug	串口仿真
ARM	Acorn RISC Machine	Acorn 的 RISC 微处理器
RISC	Reduced Instruction Set Computer	精简指令集计算机

POR	Power On Reset	上电复位
PDR	Power Down reset	掉电复位
PVD	Programmable Votage Detector	可编程电压监测器
CPU	Central Processing Unit	中央处理器
PLL	Phase Locked Loop	锁相环
VBAT	Voltage Battery	电池电压
SysTick	System Tick	系统滴答定时器
USART	Universal Synchronous/Asynchronous Receiver/Transmitter	
		通用同步/异步串行接收/发送器
RAM	Random Access Memory	随机存取存储器
ROM	Read-Only Memory	只读存储器
SRAM	Static Random Access Memory	静态随机存取存储器
HSE	High Speed External Clock	高速外部时钟
HSI	High Speed Internal Clock	高速内部时钟
LSI	Low Speed Internal Clock	低速内部时钟
LSE	Low Speed External Clock	低速外部时钟
NVIC	Nested Vectored Interrupt Controller	嵌套向量中断控制器
IGBT	Insulated Gate Bipolar Transistor	绝缘栅双极型晶体管
GTR	Giant Transistor	大功率晶体管
MOSFET	Metal-Oxide-Semiconductor Field-Effect Transistor	
		金属氧化物半导体场效晶体管
GE	General Electric Company	通用电气公司
GTO	Gate Turn-Off Thyristor	门极关断晶闸管
HVDC	High-Voltage Direct Current	高压直流
SVC	Static Var Compensator	静止无功补偿器
UPS	Uninterruptible Power System/Uninterruptible Power Supply	
		不间断电源
MCT	MOS Control Thyristor	MOS 控制晶闸管
PIC	Power Integrated Circuit	功率集成电路
HVIC	High Voltage Integrated Circuit	高压功率集成电路
SPIC	Smart Power Integrated Circuits	智能功率集成电路
IPM	Intelligent Power Module	智能功率模块
BLDCM	Brushless DC Motor	无刷直流电动机
PMSM	Permanent Magnet Synchronous Motor	永磁同步电动机
SIT	Static Induction Transistor	静态感应晶体管
IAP	In Application Programming	在应用编程
ISP	In System Programming	在系统编程
PIN	Positive Intrinsic Negative	正极本征负极

MPS	Merged PiN Schottky	碳化硅
SPEED	Self-adjusting Ptemitter Efficiency Diode	
		耳调节 P+发射极效率二极管
SSD	Spin-Seebeck Diode	自旋塞贝克二极管
UEV	Update Event	更新事件
NMOS	N Metal Oxide Semiconductor	N 型金属氧化物半导体

参 考 文 献

[1] 胡寿松. 自动控制原理 [M]. 5 版. 北京：科学出版社，2007.

[2] 金如麟，谭茀娃. 永磁同步电动机的应用前景 [C]. 上海市电工技术学会 2001 年学术年会，2001：18-21.

[3] 郑泽东，李永东. 永磁同步电机伺服控制系统的研究现状及发展 [J]. 伺服控制，2008，12：125-130.

[4] 蒋超，陈海民. 电力电子器件发展概况及应用现状 [J]. 世界电子元器件，2004，4：74-76.

[5] 赵敏，张东来，李铁才，王子才. 功率 MOSFET 隔离驱动电路设计分析 [J]. 电力电子技术，2016，2.

[6] 田宇. 伺服与运动控制系统设计 [M]. 北京：人民邮电出版社，2010.

[7] 寇宝泉，程树康. 交流伺服电机及其控制 [M]. 北京：机械工业出版社，2008.

[8] 阮毅，陈维钧. 运动控制系统 [M]. 北京：清华大学出版社，2006.

[9] 任志斌，杨勇. DSP 控制技术与应用 [M]. 北京：中国电力出版社，2015.

[10] 舒志兵. 交流伺服运动控制系统 [M]. 北京：清华大学出版社，2006.

[11] 阮毅，陈伯时. 电力拖动自动控制系统——运动控制系统 [M]. 4 版. 北京：机械工业出版社，2010.

[12] 谭建成. 永磁无刷直流电机技术 [M]. 北京：机械工业出版社，2011.

[13] R Krishnan. 永磁无刷电机及其驱动技术 [M]. 柴凤，等译. 北京：机械工业出版社，2016.

[14] 朱军，韩利利. 永磁同步电机无位置传感器控制现状与发展趋势 [J]. 微电机，2013. 9.

[15] 于艳君，程树康，柴凤. 永磁同步电动机无传感器控制综述 [J]. 微电机，2007，8.

[16] 许家群，宗立志，段建民，赵娅. 无刷直流电机相序测定实用方法 [J]. 现代电子技术，2008，17.

[17] 李其军，陈庆樟，刘少波. 电动汽车电机制动强度研究 [J]. 微电机，2016，9.

[18] 曾允文. 变频调速 SVPWM 技术的原理、算法与应用 [M]. 北京：机械工业出版社，2010.

[19] 林飞，杜欣. 电力电子应用技术的 MATLAB 仿真 [M]. 北京：中国电力出版社，2009.

[20] 李永东. 交流电机数字控制系统 [M]. 2 版. 北京：机械工业出版社，2012.

[21] 何超. 交流变频调速技术. [M]. 2 版. 北京：北京航空航天大学出版社，2012.

[22] 李崇坚. 交流同步电机调速系统 [M]. 2 版. 北京：科学技术出版社，2013.

[23] 王丁，沈永良，姜志成，庄培栋. 电机与拖动基础 [M]. 北京：机械工业出版社，2011.